AF311970

PROJET

DE

COLONIES AGRICOLES

POUR TOUS

ENFANTS ORPHELINS OU ABANDONNÉS

ET

TOUS AUTRES DES DEUX SEXES,

PAR J.-F. BAUDIER

De la Côte-d'Or.

Honnêtes, servant Dieu, ils auront en partage
Le travail et la paix : en faut-il davantage ?
Vie rurale

PREMIÈRE PARTIE.

PARIS

IMPRIMERIE DE E. BRIÈRE,
RUE SAINT-HONORÉ, 257.

1858

PROJET

DE

COLONIES AGRICOLES.

IMPRIMERIE FRANÇAISE ET ANGLAISE DE E. BRIÈRE,

RUE SAINT-HONORÉ, 257.

PROJET

DE

COLONIES AGRICOLES

POUR TOUS

ENFANTS ORPHELINS OU ABANDONNÉS

ET

TOUS AUTRES DES DEUX SEXES,

PAR J.-F. BAUDIER

(De Caen?)

Honnêtes, servant l'État en même temps la patrie
Le travail et la paix en ....

PREMIÈRE PARTIE.

PARIS

IMPRIMERIE DE E. BRIÈRE

RUE SAINT-HONORÉ 257

1838

PROJET

DE

COLONIES AGRICOLES.

PRÉAMBULE.

> . . . . Paysans, mes amis,
> A l'appel des cités, n'ouvrez pas vos oreilles ;
> Elles donnent, hélas ! moins qu'elles ont promis.
> La cité, pour son peuple, en vain se dit féconde ;
> Le pain de ses enfants est plus amer que doux ;
> Sous un luxe qui ment, tel rit aux yeux du monde
> Qui , tout bas , porte envie au dernier d'entre vous.
> A vos champs, à vos bois, demeurez donc fidèles ;
> Aimez vos doux vallons, aimez votre métier.
> Auguste est le travail de vos mains paternelles ;
> C'est par votre sueur que vit le monde entier.
>
> (AUTRAN, *Vie Rurale.*)

L'agriculture ne fournit pas seulement les objets qui servent à la sustentation des populations.

Elle est encore la source où, presque toutes les industries manufacturières et le commerce, puisent les matières premières dont ces industries ont besoin pour alimenter leurs usines et les entretenir. Ainsi :

La soie,	Le lin ,
La laine,	Le chanvre ,
Les crins,	Les duvets,
Le coton,	Les plumes de toutes sortes,

proviennent aussi des ateliers de l'industrie agricole.

C'est encore cette industrie qui produit :

Le miel,	Les fleurs si belles,
Le sucre,	Les parfums si exquis.
Le café,	Les substances colorantes.
Le thé,	Les bois d'ébénisterie,
Le cacao,	Ceux si utiles au teinturier.
Les huiles,	Les substances stéariques.
Les vins de liqueurs,	Les graisses,
Les friandises de toutes sortes,	Les suifs,
Les pailles pour parures,	Les cires,
Les résines.	Les cuirs, etc., etc.

Une foule d'autres objets, tels que les chevaux dont on est si fier et dont on tire un parti si utile, sont aussi des productions de l'agriculture, et cependant cette industrie, qui est si indispensable à la prospérité des nations, que l'on sait être la générative de toutes les autres industries, semble être un objet de répulsion pour la majorité des populations, alors que le contraire devrait avoir lieu.

En effet, comme conséquence sociale, cette industrie agricole devrait accaparer tout ce que les populations comptent d'hommes capables et intelligents, afin d'en retirer une production plus abondante de toutes les matières premières qui sont si nécessaires à l'industrie manufacturière et au commerce.

Alors les misères sociales pourraient, peut-être, complétement disparaître, puisque l'ignorance et l'incurie ne présideraient plus, comme cela a lieu depuis trop longtemps, aux destinées de l'agriculture.

Mais pourquoi l'industrie agricole est-elle un objet de répulsion, pour la majorité des populations ? Pourquoi ne l'exerce-t-on pas de préférence à toute autre industrie ?

C'est peut-être bien parce que l'homme, dans son enfantine ingénuité, subordonne, un peu trop, sa glorification personnelle à l'exercice d'une profession quelconque !

C'est peut-être bien parce qu'on a un peu trop ménagé, à l'individu, la bonne instructruction pratique, tout en le laissant s'occuper exclusivement des recommandations, paternelles et autres, qui n'ont produit et ne pouvaient produire qu'un désastreux préjugé !

C'est peut-être bien encore parce qu'on a laissé ignorer, trop longtemps, à cet homme que, partout où il sait se rendre utile, non-seulement à lui-même, mais bien aussi à la société tout entière, comme cela a lieu dans l'exercice de la profession agricole, il y a toujours gloire et profit !

C'est peut-être enfin parce qu'il ne sait, ou ne veut pas comprendre, que la prospérité de n'importe quelle entreprise, est virtuellement, subordonnée à un assemblage de forces qui en sont, pour ainsi dire, les ordonnées, et sans le concours desquelles forces il est à peu près impossible d'obtenir un résultat satisfaisant, quelle que soit l'industrie exercée !

En effet, qu'est-il possible de faire sans l'aide du capital ? Rien !

Que peut produire le capital sans le secours d'un travail quelconque ? Rien encore !

Sans l'aide de cette autre puissance, à laquelle est dévolue la direction, quels résultats obtient-on du capital et du travail réunis ? Presque rien !

Que peut enfin cette puissance directrice, sans le concours du capital et du travail ? Rien ! rien ! rien !

Cela est évident ; aussi, au lieu de laisser ces trois forces s'étioler dans l'isolement, les unit-on, toujours, de manière à les faire fonctionner par coordination et simultanément.

C'est du moins ce qui a lieu, chaque fois qu'il s'agit d'intérêts industriels, manufacturiers et commerciaux, et il est positivement acquis que, à moins de malversations, on obtient de cette union, tout ce que l'on est en droit d'en espérer.

Voilà ce qui est incontestable et incontesté !

Or, s'il en est ainsi, en ce qui concerne la manufacture et le commerce, pourquoi n'agirait-on pas de même, lorsqu'il s'agit d'agriculture ?

N'est-il pas reconnu que l'industrie agricole est la générative de toutes les autres, puisqu'elle fournit presque toutes les matières premières qui alimentent les industries manufacturières et le commerce ?

N'est-il pas reconnu encore que son caractère, le plus distinctif, est de donner des produits qui ne peuvent jamais être encombrants, puisqu'ils servent presque exclusivement à l'alimentation des populations ?

N'est-il pas reconnu, en outre, qu'en l'exerçant avec ordre et prudence, elle peut, au moins aussi bien que toute industrie, si ce n'est plus, servir, non-seulement à la glorification de l'homme, mais encore à sa fortune ?

Ajoutons qu'indépendamment de tout cela, l'homme y vit constamment à l'abri de tous les soucis engendrés par les rivalités de spécialisation qui sont, pour ainsi dire, la conséquence de toutes les autres industries.

Si tout cela est vrai et incontestable, nous demandons encore pourquoi on ne ferait pas, pourquoi on ne fait pas, pour l'industrie agricole, ce que l'on fait chaque jour, avec tant de laisser-aller, pour la première venue ?

Oh ! mais, dira-t-on, si on ne fait pas pour cette industrie ce que l'on fait pour les autres, c'est que :

1º Elle n'a pas su, jusqu'alors, offrir toutes les garanties sérieuses et positives, susceptibles d'inspirer confiance et sécurité au capital ;

2º Ses produits participent d'un état aléatoire qui fait craindre un résultat presque négatif, ou si peu satisfaisant, qu'il est à peine possible d'accorder quelque crédit à cette industrie ;

3º Elle est, assez généralement, exercée par des hommes incapables, ou inhabiles, à gérer le capital qui pourrait leur être confié, dans le but d'améliorer et d'étendre chacun des services culturaux ;

4º Enfin, en tout état de cause, la rente, qu'elle donne au capital, est trop inférieure à celle donnée par les autres industries, pour que l'on songe à en priver celle-ci au profit de l'autre.

Nous devons le reconnaitre, il y a du vrai, beaucoup de vrai dans ces réponses. Cependant, dans l'état actuel, elles ne sauraient être péremptoires.

Elles paraissent même sensiblement erronées, en ce qui concerne certains services, par la raison qu'on peut opposer à ces réponses, non pas des appréciations analogiques, mais bien des faits pratiques.

Par exemple, est-il possible de nier que des terres, convenablement ameublies, amendées et fumées, ne soient pas susceptibles de donner des produits de toutes sortes, comme cela a lieu pour celles situées dans les environs de Paris ; comme cela a lieu pour celles situées près les habitations et, notamment, pour les jardins qui ne doivent leur fécondité qu'aux soins quotidiens dont ils sont l'objet.

Mais la terre ne donne pas, à elle seule, toutes les productions d'une exploitation rurale !

Il est possible d'y entretenir des juments qui, étant bien soignées, peuvent donner des poulains, indépendamment du travail.

Il est possible d'y entretenir, encore, des vaches de bonne race qui, avec un peu de soins, ne manquent jamais de donner, annuellement, un veau et du lait en abondance.

N'est-il pas possible d'y avoir aussi :

Des brebis susceptibles de donner, tout à la fois, de la laine et des agneaux ?

Des truies susceptibles de donner, trois fois par an, des cochonneaux aptes à l'élevage et à l'engraissement ?

Des volatiles, de toutes sortes et de toutes races, susceptibles de donner des œufs, que l'on peut soumettre à l'incubation, afin d'en obtenir des sujets aptes à l'engraissement, ainsi que cela a lieu dans le département de la Sarthe et dans la Bresse ?

N'est-il pas possible de cultiver, sur une partie de ces terres, les arbres dont les feuilles peuvent être utilisées à l'entretien d'une magnanerie, comme cela a lieu dans le midi et dans certaines contrées du centre de la France ?

N'est-il pas possible, en outre, de retirer d'aucunes plantes, par la voie des distillations, du sucre, de l'alcool et autres substances, sans porter atteinte à leurs qualités nutritives, ainsi qu'il est pratiqué dans le département du Nord, dans la Belgique, dans les Flandres, en Angleterre, etc.

Voilà assurément des faits pratiques qui sont loin d'être contestables, puisque, chaque jour et dans chaque localité, on consacre leur praticabilité : seulement cette praticabilité est appliquée, plus ou moins heureusement, et en raison directe de l'intelligence des individus ; de la somme d'ordre administratif qu'ils possèdent et aussi du capital dont ils peuvent disposer.

Tout dépend donc du milieu intellectuel dans lequel sont placés, primitivement, ceux auxquels est dévolue la mission du cultiver le sol.

Question immense, que l'on résout quotidiennement sur le papier et devant laquelle chacun recule, lorsqu'il est invité a en faire l'application définitive.

On dirait vraiment qu'il s'agit de prendre la lune d'assaut ! Plus loin, on verra que non.

Mais si à ces faits pratiques et non contestables, puisqu'il y a possibilité de les adjoindre à toute entreprise agricole, on joint ceux qui ont reçu le baptême d'une consécration officielle, qu'aurat-on à objecter encore contre l'industrie agricole ?

Donnons à ce sujet quelques détails :

Le 29 du mois d'août 1855, une société, qui s'appelle *Société impériale et centrale d'agriculture*, dans une séance solennelle et publique, présidée par M. le ministre de l'agriculture et du commerce, a décerné une grande médaille d'or à M. Hette, régisseur du domaine de Bresles (Seine-et-Oise), parce que, dit le rapport officiel, cet agriculteur à su apporter, dans l'exploitation agricole qu'il dirige, des améliorations telles, qu'il lui a été possible de faire distribuer annuellement, aux divers intéressés, un intérêt de quinze francs pour cent francs du capital engagé.

Or, le domaine de Bresles, dont la superficie totale est inférieure à six cents hectares, appartient à une société en commandite, sous la raison sociale Hette et Cᵉ.

Les porteurs d'actions de cette société doivent-ils avoir à se plaindre de l'industrie agricole, qui les récompense si largement de leur bon vouloir ?

Pense-t-on qu'ils conservent la prévention qu'ils ont, probablement, eue contre l'agriculture, avant de lui confier leur capital ?

Ce capital aurait-il donné une rente plus forte, s'il avait été engagé dans une autre spéculation ? C'est douteux.

De cette première preuve irréfragable, qui démontre combien l'industrie agricole renferme de ressources et de richesses, lorsqu'on sait en coordonner les services, et pour que l'on ne croie pas à l'exception de ce fait ; passons à un fait d'un autre ordre, dont les résultats sont sinon plus concluants, au moins plus saisissants.

Il existe dans le département du Finistère un domaine, qui a nom le Lézardeau, et dont M. Ducouëdic est propriétaire.

La superficie totale de ce domaine est de 203 hectares. Les terres qui le composent sont légères et sablonneuses, et, il y a six ans à peine, le propriétaire en retirait annuellement une rente de 4,125 francs.

Ce domaine était alors cultivé par un fermier-colon.

Depuis cette époque, le propriétaire a remercié le fermier, et fait exploiter le domaine pour son compte particulier.

Il a lieu d'être satisfait de sa détermination, puisqu'il a obtenu, à titre d'encouragement, de la même société impériale d'agriculture, une grande médaille d'or, qui lui a été remise pendant la séance solennelle et publique du 20 avril 1856.

Pourquoi ? le rapport officiel nous le dit :

Parce qu'il a su améliorer la culture de son domaine, de manière à en obtenir un revenu annuel de 14,745 francs ; revenu qu'il espère voir arriver prochainement au chiffre de 20,000 francs.

Pour ceux qui n'ont jamais réfléchi à l'avenir de l'industrie agricole, ce résultat semble être un conte des *Mille et une Nuits*.

Pour d'autres, il n'en est pas ainsi; à quel prix, disent-ils, ce résultat a-t-il été obtenu, car tout est là?

Peut-être bien! mais que l'on se rassure, le sacrifice a été peu considérable. M. Ducouëdic, en homme intelligent, a fait, aux terres qui composent son domaine, l'avance d'une somme de 74,000 fr.

Cette somme a été employée à solder des travaux de défoncements du sol, de drainage, d'irrigations, etc., etc., etc., et si la représentation matérielle n'existe plus, la dépense sera largement compensée par l'augmentation du revenu, augmentation qui n'aura point de terme, et qui, par amortissement, aura bientôt décuplé la somme sacrifiée.

Voilà des chiffres qui parlent, bien haut, en faveur de notre chère industrie agricole, et qui doivent anéantir toutes les suppositions hypothétiques! Mais le préjugé est si puissant; il étreint si vigoureusement l'opinion publique à l'endroit de l'agriculture, qu'il y aura longtemps encore des hommes qui ne voudront pas admettre un mariage, entre l'augmentation du bien-être et l'indépendance.

Nous serions curieux de savoir si le propriétaire du domaine du Lézardeau, est moins libre de ses actions avec 14,000 francs de rente, qu'avec la rente de 4,000 francs qu'il obtenait autrefois de sa propriété?

Nous serions encore curieux de savoir si les actionnaires, de la société qui possède le domaine de Bresles, sont accablés d'entraves, parce que leur argent produit 15 pour 100 par an, au lieu de 5?

Il n'y a dans tout ceci qu'un malheur à déplorer : c'est de n'avoir que des exemples exceptionnels à signaler.

Mais pourquoi ne travaillerait-on pas de manière à transposer les termes de la question, c'est-à-dire de manière que l'exception devienne la règle, puisque l'on a la conviction qu'il doit en résulter, profit pour tous en général et pour chacun en particulier?

Est-il donc impossible de résoudre le problème? Non, assurément! seulement on peut objecter ceci : c'est que, pour améliorer des terres, avec toute la convenance voulue, il faut les posséder incommutablement ou à long terme, puis avoir, pour les entretenir en bon état, trois choses indispensables, savoir :

Un capital suffisant ;

Des travailleurs spéciaux ;

De la capacité dans la direction ;

Comment arriver à la réunion de ces trois éléments?

Cela mérite examen.

Personne ne conteste que la raison économique, de toute entreprise industrielle, doit avoir pour principe constant d'obtenir l'objet produit, au plus bas prix possible, afin d'avoir un plus grand bénéfice rémunérateur.

Si cet axiome est vrai, et pourquoi serait-il erroné? on doit en conclure, en ce qui concerne l'industrie agricole, que, pour obtenir des résultats quelque peu satisfaisants, il est indispensable de faire, exactement, le contraire de ce qui a été fait jusqu'alors, et de ce qui se fait maintenant encore.

En d'autres termes, il est nécessaire d'asseoir les opérations culturales sur une superficie plus grande du sol, et d'autant plus vaste que, les frais généraux, puissent se répartir sur une plus grande somme de produits à obtenir, de manière que le prix de revient, de chaque objet produit considéré comme unité, puisse diminuer, proportionnellement à la répartition la plus multiple.

Il doit être bien entendu ici que nous raisonnons selon les règles de l'économie industrielle, et non autrement.

Nous faisons, du reste, toutes réserves à ce sujet, pour ce qui peut concerner les règles de l'économie sociale et politique.

Posée en ces termes, la question économique, de l'industrie agricole, peut-elle être résolue avec toute la satisfaction désirable, par l'utilisation de la fortune particulière d'une famille ?

Nous ne le croyons pas, car, quelque grande qu'elle puisse être, jamais l'épargne, c'est-à-dire ce qui resterait du revenu général, après qu'il en serait extrait tout ce qui est nécessaire à l'entretien de la famille, jamais l'épargne, disons-nous, ne pourrait être assez considérable pour établir tous les services culturaux.

Il y aurait, par cela même, toujours quelques parties de l'exploitation pour lesquelles on lésinerait, et qui, par conséquent, ne donneraient que des résultats insignifiants, surtout dans les exploiations quelque peu vastes.

Que faire alors ?

Eh ! mon Dieu ! tout simplement ce que l'on fait, tous les jours, pour l'industrie manufacturière et pour le commerce.

C'est-à-dire que, lorsqu'un problème ne peut être résolu fructueusement, avec le capital d'une fortune unique, il faut essayer de le résoudre avec une portion de la fortune de deux, de quatre, de dix, de vingt, de cent, de mille capitalistes.

C'est ainsi, du reste, qu'il a été opéré pour la mise en culture sérieuse, du domaine de Bresles dont il est parlé plus haut.

Est-ce que les capitaux actionnaires se plaignent de l'opération ?

Comme on le voit, la première objection n'en est pas une, puisqu'elle peut être facilement écartée, par l'accumulation et le groupement de plusieurs portions de fortunes particulières, surtout si on opère de manière à offrir, au capital, la certitude d'un bon placement, certitude qui peut parfaitement être établie.

Peut-il, du reste, en être autrement, soit qu'il s'agisse de la garantie du capital engagé, soit qu'il s'agisse de la rente de ce capital ?

En effet, le capital engagé doit, toujours, être représenté par la valeur de l'objet, dont l'achat aura nécessité l'engagement, quelle que soit la nature de cet objet. N'oublions pas qu'il s'agit ici des actes de l'industrie agricole.

Si, par exemple, il est engagé dans l'acquisition du sol, il est hors de doute que celui-ci devra avoir, à toute époque postérieure à cette acquisition, une valeur au moins équivalente, si ce n'est plus, à la somme engagée, car il n'est pas possible d'admettre qu'une mise en culture, faite selon un ordre raisonnable et une sage administration, puisse donner, pour résultat, une dépréciation dans la valeur de ce sol.

Le capital engagé dans l'acquisition des graines diverses, employées à l'ensemencement de toutes les parties du sol, doit pouvoir être, toujours, suffisamment représenté par la valeur des récoltes, eu égard au privilége qui lui est accordé par la législation, car il ne peut pas, encore, être admis de croire qu'une graine, confiée à un sol bien ameubli, bien préparé et bien amendé, ne se reproduise pas au décuple, et de manière à faire espérer un reliquat important, —sur la recette brute, après qu'il en aura été extrait toutes les dépenses de culture et autres.

La suite de ce travail donnera, au surplus, des résultats exacts et qui paraîtront fabuleux, comparativement à ce qui existe aujourd'hui dans l'espèce.

Le capital, engagé dans l'achat du bétail destiné au garnissement d'une exploitation agricole, ne saurait être moins bien représenté, à moins d'admettre que ce bétail n'est susceptible d'aucun croît que les soins, la nourriture et le temps ne peuvent avoir aucune influence sur la conservation de sa valeur primitive.

Donc, quelle que soit l'issue de l'opération, il existera, toujours, garantie suffisante pour retrouver le capital engagé !

Donc, l'industrie agricole offre, au moins, autant de sécurité plausible que n'importe quelle industrie !

Nous nous trompons ! Elle offre beaucoup plus de garanties positives que toute autre industrie, puisque, toujours et à tout moment, le capital est représenté, sans avoir à redouter la moindre dépréciation éventuelle dans la valeur des objets représentatifs.

Loin de nous l'idée de porter la moindre atteinte au crédit de qui que ce soit; mais, comme terme de comparaison, nous ne pouvons nous empêcher de poser les questions suivantes :

Par quoi est représenté le capital engagé dans la construction des chemins de fer? Par de la ferraille et du sol qui ne peuvent avoir, une valeur quelconque, qu'après un sacrifice énorme pour remise en état d'utilisation.

Par quoi est-il aussi représenté dans n'importe quelle usine? et encore, admettrons-nous ici qu'il ne puisse exister dans ces usines aucun chômage ; cet état étant, comme on le sait, presque toujours l'anéantissement total du capital engagé ; et bien que cependant il existe peu d'usines sans chômage.

En est-il ainsi en agriculture? Non ; avec une administration sagement ordonnée, quant au travail opérateur, le chômage est-il admissible? Non encore ; d'où, nécessairement, conclusions conformes à notre avis.

Examinons maintenant l'objection concernant les *travailleurs spéciaux*.

Outre qu'il en existe pas mal dans chaque localité qui, pour devenir aussi utiles que possible, n'ont réellement besoin que d'un peu d'instruction théorique, mêlée à la pratique, sous une bonne, sage et sérieuse administration ; on doit savoir qu'il y a, de par le monde, une malheureuse classe d'individus abandonnés à peu près à eux-mêmes; et qui ne demanderont certes pas mieux que de se prêter à *une préparation d'avenir*, plus riant, et surtout plus doux, que celui dont ils sont actuellement gratifiés.

Aussi est-ce spécialement, en vue de cette *préparation d'avenir*, que ce projet a été conçu, par la raison que, dans notre conviction intime, il devra indubitablement résulter, de son application, profit pour tous.

A l'aide de ce moyen, l'objection concernant les *travailleurs spéciaux* ne peut plus avoir de raison d'être, puisqu'il est possible de la faire sérieusement disparaître en intéressant, à la culture du sol, cette classe de malheureux.

Si, en outre, on s'attache, à l'aide de moyens simples et d'exemples praticables, à démontrer, aux populations rurales, comment le sol doit être amendé et cultivé pour en obtenir des produits capables, par leur abondance et leur valeur, d'apporter promptement une sensible amélioration dans leur vie matérielle, cette objection disparaîtra avec une rapidité surprenante.

Les causes de l'abandon du pays natal, et de l'émigration aux villes, devront alors être moins puissantes, car il n'est pas possible de penser que la course aux grands centres de population, comme aux régions lointaines, a seulement pour objet l'*engouement,* et ne prenne pas sa source dans la situation précaire qui est faite, aux populations rurales, par une culture désastreuse.

En agissant ainsi et selon les préceptes qui sont déduits plus loin, il pourra en résulter la disparition d'un grand embarras qui, si on n'y prend bientôt garde, enfantera des misères sociales immenses.

Reste la troisième objection.

Nous reconnaissons, bien sincèrement, que l'instruction agricole n'est pas très-répandue ; cependant, on ne peut méconnaître que, par ci, par là, il existe quelques individus suffisamment instruits, et possédant assez de capacité et d'ordre administratif, pour qu'il soit possible de leur confier, sous la réserve d'une direction quelconque, l'organisation ou plutôt la surveillance d'une entreprise dont le but est l'éducation de sujets appelés à devenir maîtres dans la science agricole lorsque le moment sera venu.

Il faudrait avoir bien peu de sagacité pour ne pas reconnaître qu'il ne doit pas être beaucoup plus difficile de créer et dresser des chefs d'ateliers pour les entreprises agricoles , que d'en créer et dresser pour les industries manufacturières, pour les usines, etc.

On doit alors être facilement persuadé que, pour peu que le projet soit encouragé, il devra surgir dans nos colonies tout ce qui fait défaut maintenant à la bonne pratique agricole , c'est-à-dire des hommes suffisamment instruits pour obtenir, du sol, des produits fructueux et largement rémunérateurs du travail.

On doit encore être sincèrement persuadé que nos cultivateurs actuels, malgré leur indolence, ou, si l'on veut, malgré leur ignorance et leur indifférence, *auront bientôt compris*, par la comparaison des résultats qui seront obtenus, dans nos colonies, avec ceux résultant de la culture telle qu'ils la pratiquent, qu'ils *assureront beaucoup mieux l'avenir de leurs enfants*, filles et garçons, *en les plaçant dans ces colonies*, afin d'y suivre les leçons pratiques et démonstratives qui y seront données, *qu'en les envoyant à la ville*, où ils occasionneront des sacrifices de toutes sortes et où ils nouriront le fol espoir d'y acquérir fortune, considération, bonheur, gloire, etc.

Cette troisième objection n'est donc pas plus plausible que les deux autres, et il n'est pas aussi difficile qu'on le supposait de réunir les trois objets indispensables à la bonne exploitation du sol.

Nous avons donc l'espoir que rien ne fera défaut à notre entreprise, puisque :

1º A l'aide d'une émission d'actions, le capital peut être réalisé sans trop charger chaque fortune particulière ;

2º A l'aide d'une bonne instruction pratique, basée sur la science utilement applicable, on arrivera, si nos prévisions se réalisent, à dresser promptement, et en quantité suffisante, *des travailleurs et des chefs d'ateliers agricoles*.

Mais pourquoi nos prévisions ne se réaliseraient-elles pas ? L'instruction agricole, telle qu'elle est formulée et ordonnée dans le projet, ne pourra pas *ne pas être comprise* par tous les enfants, qu'ils soient orphelins ou non ?

Nous nourrissons donc avec bonheur l'espoir que, à la sortie de nos écoles, ces enfants ne penseront plus à quitter le village, puisqu'ils sauront comment ils pourront s'y procurer facilement tout ce que l'on demande aujourd'hui si onéreusement et souvent si inutilement aux villes populeuses.

Cependant, nous ne nous faisons pas illusion sur les résultats primordiaux, en ce qui concerne ces enfants, car nous savons faire la part des préjugés sociaux, surtout de ceux qui existent si impérativement, et qui, à cette époque, ont une si déplorable influence sur la vie rurale.

Notre prudence nous conseille donc de ne pas trop compter, au début de l'entreprise, sur le concours des enfants appartenant aux familles rurales, car ils ne se décideront à venir à nous, qu'à la suite des temps et lorsque les résultats annuels auront été parfaitement constatés, et reconnus supérieurs à ceux obtenus par l'habitude commune.

La création des premières colonies aura donc tout simplement lieu avec les enfants, orphelins ou abandonnés ; enfants dont s'occupe si saintement l'administration de l'assistance publique et de l'avenir desquels nous allons nous préoccuper aussi, afin que, selon la parole du maître, chacun, selon ses forces et sa capacité, apporte sa part de matériaux à la construction et à la consolidation de l'édifice social.

CHAPITRE PREMIER.

CONSIDÉRATIONS HISTORIQUES.

> Honnêtes, servant Dieu, ils auront en partage
> Le travail et la paix ; en faut il davantage ?
>
> (*Vie rurale.*)

La philanthropie, avec une louable constance, continue l'œuvre si saintement commencée par le digne abbé saint Vincent de Paul.

On ne peut qu'applaudir et contribuer à l'œuvre dans la sphère de ses forces individuelles. Cependant, dans l'état actuel de notre civilisation, tout ce qui a été fait jusqu'alors, et tout ce que l'on fait aujourd'hui, semble être insuffisant et manquer le but, par la raison qu'un très-petit nombre des orphelins en profite.

En effet, la majeure partie de ces enfants participe aux bienfaits de la philanthropie pour une si faible partie, que, lorsqu'ils arrivent à l'âge adulte, leur sort reste à peu près le même que celui dont on les gratifie au moment de l'abandon, c'est-à-dire qu'au delà d'un âge donné, l'orphelin est presque *réabandonné*, sans ressources aucunes, ou avec des ressources si faibles, qu'il lui est impossible d'en tirer efficacité.

Pour ces motifs, comme pour les causes suivantes, il nous a paru utile et équitable d'édicter un projet élaboré dans le but de continuer les bienfaits de la philanthropie, de généraliser ces bienfaits et d'en faire profiter *indistinctement* les orphelins des deux sexes.

Avant d'exposer les détails de ce projet, il nous a aussi paru utile de retracer, brièvement, la vie de ces orphelins, pour que tout le monde soit parfaitement édifié, sur la position qui leur incombe au moment de leur naissance ; sur la place qu'ils occupent dans la société lorsqu'ils entrent dans l'âge adulte ; et sur l'opportunité de remédier promptement à l'état de choses qui en résulte, et de telle sorte que leur sort soit amélioré. Ecoutez donc !

Fruit de la débauche ou de la déraison, l'enfant, on le sait, est déposé, presque toujours le lendemain de sa naissance, au bureau des hospices par la mère, qui, en faisant ce dépôt, veut tantôt cacher le fruit d'une faute ou d'une séduction, tantôt se débarrasser du témoin de sa dégradation morale et d'une vie de prostitution.

Cependant, il y a exception à cette règle. Il arrive que quelques-uns de ces enfants sont déposés par des parents qu'une existence précaire et désastreuse oblige à une séparation, souvent douloureuse, afin d'alléger la position du moment et éviter une hideuse misère ultérieure.

L'administration des hospices ne pouvant soigner elle-même tous les enfants qui lui sont remis, confie chacun d'eux à une malheureuse mère de famille, que l'appât d'une modique rétribution mensuelle porte à abandonner, momentanément il est vrai, son ménage et sa famille au sein desquels elle revient avec une charge de plus, et souvent avec beaucoup de fatigues et moins de santé.

En effet, la santé de chaque mère nourricière doit *indubitablement* s'altérer, plus ou moins, pendant le voyage qu'elle entreprend avec son enfant d'abord, puis avec cet enfant et le nourrisson qu'on lui confie ; voyage qui est souvent très-considérable et, presque toujours, fait dans un véhicule où sont entassés nourrissons et nourrices, qui y respirent un air sensiblement méphitique, par la raison qu'on le renouvelle avec assez d'avarice dans la crainte d'un refroidissement pour les enfants.

On conçoit parfaitement que, dans cette situation, l'air du véhicule doit nécessairement contenir une certaine quantité de miasmes putrides et délétères, dont la majeure partie est fournie par les déjections de tous les nourrissons, déjections que l'on a la maladresse de laisser séjourner quelque temps sur leur corps et que l'on reçoit dans un linge que la nourrice roule en paquet, afin de placer plus commodément ce précieux dépôt, soit dans l'une des poches de ses vêtements, soit dans un sac à ce destiné, où il reste jusqu'à la plus prochaine station du voyage.

Il est hors de doute qu'ainsi recueillies, et le contraire ne pourrait avoir lieu, ces déjections doivent fermenter et produire, par voie d'émanation, des gaz qui peuvent, incontestablement, être très-préjudiciables à la santé de tous les hôtes du véhicule, et notamment à celle des enfants, qui, de plus, reçoivent une nourriture provenant d'une sécrétion laiteuse, opérée dans un milieu détestable, laquelle doit nécessairement agir morbidement sur des organes aussi délicats que le sont ceux des enfants.

Voilà donc comment l'orphelin, confié à la commisération publique, débute dans cette vie ! Qu'en résulte-t-il?

Ouvrons les volumes de la statistique officielle pour nous bien édifier à ce sujet.

Dans toute la France, y est-il dit, il est recueilli, *chaque année*, environ *trente mille enfants abandonnés* sur plus de *soixante-dix mille naissances illégitimes ;* et sur ce nombre de *trente mille*, dont un sixième est fourni par le département de la Seine, *le cinquième au plus* arrive à l'âge de *douze ans.*

Quel navrant résultat pour tant de soins donnés et tant de sacrifices faits! Pauvres innocents, votre massacre dure donc encore? Assurément non. Mais alors l'affreuse loi malthusienne reçoit donc son exécution ?

Ne semble-t-il pas qu'il y a là des choses qui ont l'air de toucher au mystère ? N'est-il pas opportun de faire disparaître cet état de choses le plus promptement possible, car l'âme humaine frémit d'horreur à la seule pensée de ce fait que, sur *cinq enfants abandonnés*, un seul *a le pouvoir*, nous allions dire le droit, *de vivre au delà de sa douzième année.*

Mais continuons notre récit, car nous avons sans doute encore beaucoup de choses à connaître, pour être complétement édifiés sur la vie que mène l'orphelin avant d'arriver à sa douzième année,

Lorsque, grâce aux soins de sa nourrice et à sa bonne constitution, l'enfant a pu supporter les fatigues du voyage et arriver, sans grands accidents, à la destination qui lui a été choisie, on l'élève côte à côte avec un poupon de son âge, au milieu d'une famille de circonstance, qui ; en raison de son manque d'éducation, pour ne pas dire de moralité, bien que cela existe presque généralement, quoi qu'on en dise ; croit n'avoir à prêter aucun appui à un enfant qui ne lui appartient pas, et pour lequel, au surplus, elle ne peut avoir aucune affection réelle.

Chaque enfant grandit donc à côté d'un autre enfant qui doit nécessairement être le préféré, puisqu'il est de la famille.

Il grandit donc à côté de celui qui doit accaparer toutes les caresses et tous les soins, alors que lui, l'étranger, et cela n'arrive que trop souvent, est battu non-seulement pour les fautes qu'il n'a pas commises, mais encore pour celles qui sont commises par le préféré.

Il grandit donc à côté d'un enfant qui doit, à n'en pas douter, manger le bon pain et boire la goutte de bon lait disponible dans le ménage, pendant que lui, l'orphelin, qui n'est pas de la famille, est presque toujours dans l'obligation de se contenter du mauvais pain ou des croûtes et de boire de l'eau pour étancher sa soif ou calmer la fièvre qui parfois dévore son existence.

Il grandit enfin à côté d'un enfant qui est presque toujours vêtu proprement et a des chaussures aux pieds, tandis que lui, le *Parisien*, comme on dit, est presque toujours couvert de haillons et n'a rien aux pieds pour empêcher qu'ils s'ensanglantent au contact des broussailles et des cailloux du chemin.

Ajoutons à ce tableau que trop souvent l'orphelin atteint à la douzième année, après avoir employé une partie du temps à *mendier* et à *marauder* pour le compte de ceux qui, dans le fond de leur pensée, n'ont demandé un nourrisson qu'avec l'espoir de le faire servir à ces indignes choses dont ils font une sorte d'industrie.

Dans cette situation, l'orphelin doit *indubitablement* faire des observations qui ne sont pas sans avoir une certaine influence sur son caractère et donnent souvent naissance, sinon à une haine implacable, au moins à une déplorable jalousie.

A cette époque de sa vie, douze ans, et si sa constitution physique le permet, l'administration des hospices traite, tantôt avec le père nourricier, tantôt avec une autre personne, pour qu'il soit donné à l'enfant une espèce d'éducation industrielle. Ce maître, de nouvelle invention, prend alors l'engagement de garder l'apprenti *pendant trois années au moins*, et de lui apprendre ou de lui faire apprendre un état quelconque moyennant le versement, une fois fait, d'une somme fixe dont le montant varie de 50 à 100 francs.

Mais qu'arrive-t-il, malgré l'active survellance exercée par l'autorité supérieure et les agents de l'administration ?

Presque toujours la promesse est éludée et, au lieu de donner, ou faire donner, à l'enfant l'instruction industrielle promise et capable de le faire vivre honorablement dans la suite, celui auquel il est confié spécule sur son travail, en le louant à titre de manouvrier, tantôt à l'un, tantôt à l'autre ; ou bien, il l'oblige à continuer de *mendier* et de *marauder* pour son compte à lui, le maître, comme il dit. (Historique).

Il est évident qu'ainsi, et avec de semblables occupations, l'enfant ne peut guère apprendre à devenir utile à la société, pas plus qu'à lui-même. Aussi arrive-t-il à l'âge de quinze ans, sans avoir la moindre notion du bien ; sans avoir reçu l'instruction religieuse si utile en pareille circonstance, ou du moins sans être en état d'apprécier celle qu'on a pu lui donner ; sans avoir prescience des choses les plus simples et les plus élémentaires de la vie sociale, telles que la lecture, l'écriture, etc.; enfin, sans savoir comment il devra pouvoir suffire à ses besoins ultérieurs.

Que résulte-t-il de cela ? A peu de chose près ceci :

L'enfant de l'hospice s'attache quelquefois au dernier domicile et y reste, sans salaire souvent, afin d'y vivre de la vie qu'il y a menée jusqu'alors, c'est-à-dire afin d'y vivre en *mendiant* et en *maraudant* soit pour le compte de celui qui ne consent à le garder qu'à ce prix, soit pour son compte particulier, *moyennant redevance quelquefois*.

Le plus souvent cet enfant quitte le dernier domicile pour errer au hasard et se faire arrêter, comme vagabond, lorsqu'il n'aura pas été recueilli par l'une de ces bandes nomades dont la vie, vouée au vol et au crime, aboutit au bagne ou à l'échafaud.

Voilà la vie telle qu'elle existe généralement pour les orphelins ! Et que l'on ne croie pas que cette description est le résultat d'une induction ! Non ; car cela est malheureusement trop vrai, et nous en savons quelque chose, nous tous qui avons vécu au milieu de cette population et qui, en particulier, avons, pendant plus d'un quart de siècle, eu à répondre pour ceux de ces orphelins qui furent successivement à notre service.

L'Etat, il est vrai de le dire, subventionne divers établissements particuliers où partie de ces enfants est reçue et dressée à la vie industrielle ; mais cela est une exception seulement et une mesure d'autant plus insuffisante, que le bienfait qui en résulte ne profite pas à la totalité des orphelins.

Et puis, on ne saurait trop le répéter, ces bienfaisantes dispositions doivent paraître insuffisantes elles-mêmes, puisqu'à l'époque de sa majorité l'enfant retombe presque toujours dans cet état d'isolement qui valide son individualité, et dont il subit déplorablement les conséquences ; puisqu'à cette époque de sa vie il est rarement mis en position de s'appuyer sur quelque chose de serieux, susceptible de faire oublier sa triste et pénible origine; puisque, enfin, on ne lui fournit jamais les éléments dont il a tant besoin pour arriver à se reconstituer une famille et un foyer domestique, que la société, dominée par un préjugé ridicule, lui a refusé jusqu'alors avec une froideur et un dédain très-blâmables.

En effet, que deviennent, pour preuve, les orphelins qui ont été admis au partage des bienfaits de la petite colonie du **Mesnil Saint-Firmin**, lorsque sonne l'heure où ils doivent quitter cette colonie, c'est-à-dire à l'époque de la majorité?

Les statuts qui régissent cet établissement nous l'apprennent. *A cette époque*, y est-il dit, *on compte à l'enfant une petite somme* (cent francs environ), *prélevée sur le prix du travail et* ON LUI SOUHAITE UN HEUREUX AVENIR.

Autre preuve. Que deviennent aussi les orphelins qui sortent des établissements fondés en Algérie, sous le patronage du gouvernement?

« Au jour de la sortie, par suite de sa majorité, l'élève reçoit *une* » *valeur de cent francs au moins*, et plus, si sa bonne conduite et » son travail ont pu lui faire obtenir quelques récompenses..... » (*Rapport publié par les soins de M. le ministre de la guerre*, 1852, page 133).

Si tout cela est bien, il faut reconnaître *à fortiori* qu'il y a insuffisance complète, par la raison qu'il n'est pas possible d'admettre que l'enfant, devenu majeur, puisse se créer un avenir quelconque avec des ressources si minimes; par la raison qu'il est de toute impossibilité à cet enfant de trouver le moyen, avec un aussi mince bagage, et quelle que soit son intelligence et la régularité de sa vie, de rendre quelques services utiles à la société.

Le temps et les ressources n'ont sans doute pas permis, jusqu'alors, de s'occuper de cette situation; mais le moment est venu d'examiner, sérieusement, toutes les questions qui se rattachent à l'existence de ces enfants et d'indiquer par quels moyens on résoudra ces questions à la satisfaction générale; car, dans le siècle où nous vivons, il ne doit plus être permis de rester indifférent au sort de *tous ces malheureux*, puisqu'il en résulterait *infailliblement* la perpétuité d'une dégradante prostitution et l'alimentation des criminelles bandes qui désolent périodiquement certaines contrées.

Avec toute la conviction qui nous domine et qui, nous l'espérons, sera partagée par tout le monde, nous voulons aider à combattre l'indifférence actuelle, et provoquer une décision qui, par ses effets et ses résultats, fera complétement disparaître cette indifférence.

En agissant ainsi, nous croyons rendre un service utile, aussi bien à la société qu'aux orphelins, par la raison qu'en ouvrant à ceux-ci une voie de salut au bout de laquelle il leur sera ménagé *affection, famille, avenir*, nous faisons participer la force de leurs bras au développement de l'industrie nationale, à sa glorification et à la prospérité générale.

Tel est le but auquel nous avons l'espoir d'arriver avec l'aide de Dieu et de qui de droit.

CHAPITRE DEUXIÈME

PLAN.

Pour raison d'économie dans la dépense d'installation, nous laissons, *provisoirement*, à l'administration des hospices, le soin de veiller sur le sort de l'enfant, depuis sa naissance jusqu'à l'époque où elle le confie au maître qui a charge de l'initier à la vie industrielle, c'est-à-dire jusqu'à l'âge de 12 ans ; nous réservant, bien entendu, de faire, par la suite, telles démarches qu'il appartiendra pour que cette administration puisse nous confier *directement* l'enfant dès son jeune âge, et ce, aussitôt que le fonds de réserve, imposé à chaque colonie, sera assez considérable pour qu'il soit possible de joindre, à chacune d'elles, des annexes où seront établis les crèches et les asiles nécessaires à l'application complète du projet.

En attendant ce moment, qui, on doit le comprendre, simplifiera sensiblement la tâche de l'administration, puisque sa surveillance s'exercera sur des groupes collectifs, au lieu de s'exercer sur des groupes organisés isolément, comme cela a lieu actuellement, village par village, nous demandons que l'enfant nous soit confié à l'âge de 12 ans révolus, et de préférence à ce qui se fait aujourd'hui, afin d'en faire l'hôte de l'une de nos colonies où il lui sera donné, *gratuitement*, une instruction spéciale et en vue d'une position que nous lui réservons dans l'avenir ; position qui sera toujours conforme à ses goûts, et que nous espérons lui voir mériter, ou acquérir, par ses aptitudes naturelles, auxquelles nous donnerons tout le développement voulu.

Pour faciliter ce développement, chaque colonie sera pourvue d'ateliers spéciaux et distincts où seront enseignés, *pratiquement*, *méthodiquement* et *théoriquement*, les travaux agricoles proprement dits et ceux propres à toutes les industries qui sont les auxiliaires de l'industrie agricole.

A cet effet, l'enfant devra rester dans la colonie jusqu'à l'époque de sa majorité, c'est-à-dire jusqu'à l'âge de vingt-un ans accomplis, afin qu'il puisse y acquérir une *pratique complète* de tout ce qui lui aura été enseigné pendant son séjour dans cette colonie.

Le séjour sera par conséquent de *neuf années* consécutives et comprendra *trois périodes* égales de chacune trois années.

Pendant la première période du séjour, ou plutôt pendant le temps qui s'écoulera entre le moment ou l'enfant fera son entrée dans la colonie et celui où sera accomplie sa quinzième année, cet enfant recevra :

1° *Une instruction religieuse* qui aura pour effet de le bien pénétrer des devoirs dont on est toujours tenu envers Dieu et le prochain.

2° *Une instruction primaire* qui comprendra la lecture, — l'écriture, — le calcul arithmétique, — la géographie, — l'histoire, — le dessin linéaire, — l'arpentage, — la géométrie,— le chant et les notions élémentaires de botanique.

Ces études alterneront avec des travaux proportionnés aux forces de l'enfant ; tels sont ceux concernant le fanage des foins, — le glanage, — l'épandage des fumiers, — l'étaupage des prairies, — l'épierrement des terres, — le cassage des pierres provenant de ce travail et leur roulage sur les chemins qui sillonnent les terres de la colonie, — l'entretien de ces chemins, — le curage des fossés, etc., etc.

A partir du jour où il entrera dans sa seizième année, l'enfant sera occupé plus sérieusement. Il recevra, pendant la seconde période de son séjour dans la colonie, une instruction qui comprendra les travaux spéciaux à certaines industries.

Le **Garçon** apprendra, sous la direction des chefs d'emplois, la serrurerie, — la maréchalerie,— le charronnage, — la charpente, — la menuiserie, — la sellerie, — la corderie, — la vannerie — et toutes autres choses indispensables à un agriculteur.

Il se familiarisera aussi avec la *mécanique*, élémentairement seulement, pour qu'il puisse, lui même, reconstruire ses instruments aratoires sans être obligé de recourir aux mains étrangères qui sont toujours onéreuses, en l'espèce surtout.

Il étudiera sommairement la *physique* et la *chimie* afin de pouvoir apprécier l'influence exercée par *l'air atmosphérique*, — *la lumière,— la chaleur*, — et *l'électricité*, sur la vie animale et la végétation des plantes, et se rendre un compte succinct des affinités moléculaires des corps.

Il recevra quelques leçons de *géologie* qui le mettront à même de reconnaître les différences qui existeront entre les terres qu'il sera appelé à cultiver ; leçons qui lui fourniront les moyens d'appréciation indispensable pour décider du parti à tirer de la composition du sol.

Il acquerra des notions de *physiologie végétale*, pour qu'il puisse connaître les relations qui existent entre les plantes, discerner celles qu'il devra cultiver avec le plus de fructuosité et établir l'ordre dans lequel il devra les faire succéder les unes aux autres, afin d'éviter l'épuisement du sol ou son effritement.

Il s'identifiera aussi avec *l'anatomie* et la *physiologie animale*, afin d'être à même d'apprécier les effets de la nourriture végétale sur l'économie de la vie animale et d'être en état de prévenir les conséquences fâcheuses qui, dans certaines conditions, peuvent en résulter pour la santé du bétail.

Il prendra enfin des leçons de *comptabilité* et *d'économie industrielle* ou *commerciale*, afin de savoir se rendre un compte exact de toutes les opérations qu'il pourra tenter.

Ces études alterneront aussi avec divers travaux agricoles : tels sont ceux qui comprennent le fauchage des prairies,—le faucillage des céréales, des colzas, des pois, des vesces, des fèves, etc.,—le sarclage et le binage de toutes les plantes légumineuses et légumières,—les irrigations des prairies,—l'arrosage des jardins potagers et autres,—l'entretien des vergers,—le battage en grange et tous autres travaux analogues.

La **Fille** apprendra aussi, sous la direction de ménagères spéciales, à faire les vêtements et tous autres effets d'habillement dont pourront avoir besoin les habitants de la colonie,—à blanchir le linge, le raccommoder, le repasser et l'entretenir,—à soigner une magnanerie,—à ceuillir les fruits et les ranger dans le fruitier pour leur longue conservation,—à tiller les plantes textiles,—à filer,—à tricoter, etc., etc.

Pendant la troisième période du séjour dans la colonie, c'est-à-dire pendant le temps qui s'écoulera entre la dix-huitième année d'âge et l'époque de la majorité (vingt-un ans), l'enfant recevra une instruction agricole proprement dite.

Le **Garçon** labourera la terre, en se servant de la charrue et de tous les instruments indispensables à une culture perfectionnée ; il appliquera les fumures, fera les semis et les hersages nécessaires à l'enfouissement des graines,—il rentrera les récoltes,—il soignera et pansera le bétail,—il cultivera les jardins potagers et autres, les vergers, les vignes, les bois, les plantations de mûriers et autres,— il fera enfin tous les travaux concernant *l'agriculture, l'horticulture, l'arboriculture, la viticulture* et *la sylviculture.*

La **Fille** s'occupera de la cuisine et fera les ménages divers.— Elle soignera *la vacherie, la laiterie, la fromagerie, la porcherie, la basse-cour, le fournil, le fruitier* et *le magasin aux légumes frais et secs.*—Elle fera les confitures, les conserves et tous autres objets de consommation destinés, soit à la vente, soit aux besoins de la colonie. —Elle apprendra, en outre, sous la direction du médecin, à soigner les malades, à panser les plaies, etc.

Voilà assurément une éducation, sinon complète, au moins suffisante pour des enfants destinés à la vie industrielle, et il est incontestable que, *avec des occupations semblables*, l'enfant saura prendre l'habitude du travail.

Il est indubitable que cet enfant pourra ne plus être un malheureux déshérité, et qu'il voudra nécessairement se créer une position indépendante, qui lui permettra de rendre quelques services utiles à la société, au lieu d'être pour elle, ainsi que cela existe aujourd'hui, *quoi qu'on en dise*, un type de grossière immoralité, et, trop souvent, un sujet de crainte et d'effroi.

Avant d'aller plus loin, disons toute notre pensée !

On nous a objecté que, donner une instruction semblable à des enfants relevant de la commisération publique, c'était commettre une anomalie choquante, par la raison qu'aucun des enfants légitimes de nos innombrables familles rurales n'était en position de recevoir une instruction même sensiblement inférieure ; que, si le projet était mis à exécution sans modification, ceux-ci seraient des ignorants, alors que ceux-là seraient des savants, et qu'en bonne conscience le contraire devrait avoir lieu.

Cette objection tire sa valeur d'un préjugé autant odieux que ridicule, car on ne voit pas pourquoi l'enfant abandonné, ou l'orphelin, serait déshérité de son droit à l'intelligence que, dans sa bonté infinie, Dieu a donné à chaque être de la création, sans avoir égard à la position matérielle pas plus qu'aux conditions sociales qui président à la naissance de l'individu.

Et puis, l'enfant légitime, quel qu'il soit, n'est pas exclu de sa participation à une instruction qui paraît si sublime, bien que très-élémentaire !

Pourquoi cet enfant ne chercherait-il pas à profiter de cette instruction puisque, par le projet, elle doit lui être donnée avec autant de gratitude qu'à l'orphelin?

On verra alors si son titre d'enfant légitime donne droit à une somme d'intelligence plus grande que celle dévolue à l'enfant abandonné. Le cas échéant, il lui appartiendra de la faire valoir dans son intérêt, puisqu'il sera mis en position de chercher à être constamment supérieur à l'autre et le premier parmi tous.

C'est le seul droit que nous reconnaissons à celui-ci sur celui-là et vouloir faire découler un privilége d'une position matérielle qui a toujours été et sera toujours la conséquence d'une convention sociale, c'est vouloir ravaler l'œuvre de la Providence.

Au surplus! notre intention n'est pas de faire un savant de chacun des enfants qui nous seront confiés.

Dieu nous garde d'une semblable pensée !

Nous voulons, tout simplement, en faire un ouvrier capable d'exploiter, avec le plus de fruit possible, la carrière industrielle qui sera le plus en rapport avec son aptitude naturelle et sa vocation, et nous accueillerons, avec la même faveur, tout enfant que l'on nous confiera, sans rechercher les conditions de son existence.

Disons le encore, afin d'être compris comme nous désirons l'être ! Il ne dépendra pas de nous que tous les enfants, dont l'éducation sera faite dans nos colonies, ne donnent la préférence *à la vie rurale* car nous voulons aider au décombrement des grands centres de populations et faire admettre en principe l'application d'une vérité beaucoup trop méconnue ; à savoir :

Que, par une amélioration dans la condition matérielle et morale des populations agricoles, il y a possibilité de constituer une vie rurale telle que la jeunesse, des deux sexes, puisse y trouver la considération, la fortune, le plaisir, le bonheur et toutes les frivolités qu'elle demande si follement aux professions libérales ainsi qu'aux villes où, PRESQUE TOUJOURS, *s'engouffrent fortune, santé, probité, moralité, liberté, etc., etc.*

Car nous voulons surtout faire comprendre cette vérité à tous les habitants des campagnes, quels que soient leur âge et la profession qu'ils exercent, en leur indiquant, par l'exemple pratique, comment ils pourront arriver à préférer la vie du village à celle des villes qui les charme tant aujourd'hui.

Car nous voulons encore les bien pénétrer de ces autres vérités :

Que les avantages offerts par la ville ne sont qu'éphémères.

Qu'ils y trouvent presque toujours la source de tous les vices.

Qu'ils y deviennent presque toujours la proie des intrigants.

Qu'ils y excitent la jalousie des ouvriers citadins, en leur faisant une déplorable concurrence, sans aucun profit pour l'industrie, les arts et les sciences.

Qu'ils y servent trop souvent d'instruments aux ambitieux qui, quelquefois, les poussent à la création du désordre, au détriment du travail qui est l'arche sainte et la fortune de l'ouvrier.

Qu'ils y vivent presque toujours sans affections sérieuses.

Enfin qu'ils y achèvent, le plus souvent, leur carrière dans l'isolement, dans la misère, ou à l'hôpital, sans avoir jamais goûté les joies de la famille, après avoir été quelquefois un grand embarras pour le Gouvernement, ainsi qu'un obstacle au développement régulier de l'industrie manufacturière, du commerce, de la science et de l'art.

Voilà très-sommairement ce que nous espérons faire comprendre à tout ce qui naît sous le chaume, en étayant nos leçons persuasives d'une multiplication progressive de la production agricole et d'une organisation utile et régulière des moments destinés à la récréation.

Nier la possibilité de résoudre ce problème par une amélioration dans l'exécution du travail agricole, ainsi que par une sensible modification dans le régime de la vie rurale actuelle, ce serait nier le progrès ; ce serait nier la possibilité de ne pouvoir manger convenablement qu'en ayant les mains noires et crasseuses ; ce serait nier la possibilité de ne pouvoir conduire un élégant attelage qu'au moyen d'un lourd bâton, ce serait enfin nier la possibilité de ne pouvoir vivre commodément que dans l'ordure, le vice et le désordre.

Mais bien que magnifiques, les résultats décrits ci-dessus ne nous paraissent pas suffisants. Nous ne pensons pas qu'en cet état l'œuvre soit complète, par la raison qu'à l'époque de sa majorité l'enfant aurait peu plus que ce qui existe maintenant pour lui ; c'est-à-dire qu'il aurait encore, à cette époque, une position incertaine et aléatoire.

Notre sollicitude pour cet enfant ne peut et ne doit pas s'arrêter là, puisque nous voulons qu'il soit réellement en mesure de rendre à la société, *avec toute l'efficacité voulue*, tout ce que cette société est en droit d'en attendre, en compensation des sacrifices qu'elle s'est imposés pour le faire arriver à la virilité, dans des conditions convenables.

Aussi notre projet tend-il à ce que le travail de l'enfant, tout en profitant à la colonie où il aura grandi et où grandiront successivement les orphelins nouveaux, *lui profite dans une proportion raisonnable et suffisante* pour assurer son avenir et lui permettre d'élever la famille qui lui adviendra, tout en devenant utile à son prochain.

Par conséquent, lorsque l'heure de la majorité aura sonné, chaque enfant *quel qu'il soit*, devra quitter la colonie pour faire place au nouvel arrivant, *mais il ne la quittera que* DOTÉ, MARIÉ ET PLACÉ *à la tête d'une petite exploitation agricole*, ou industrielle, qu'il fera valoir *pour son compte personnel*. Nous réservant, bien entendu, de surveiller indirectement les débuts, afin de nous assurer et de nous convaincre que l'éducation de la vie collective, fructifie dans l'application isolée.

La dotation se fera au moyen d'un prélèvement sur les profits de la colonie ; profits qui prendront leur source dans l'exploitation la plus fructueuse de toutes les industries qui y seront exercées, comme appendice à la principale industrie qui, on le comprend, sera l'exploitation agricole du domaine où sera placée la colonie : industries qui y seront exercées, aussi, à titre d'auxiliaires nécessaires à l'instruction de tous les enfants.

Le mariage aura lieu d'orphelin à orpheline, selon les affections qui pourront naître, pendant le séjour à la colonie, et qui seront surveillées activement afin d'éviter tout scandale.

Chaque sexe devant avoir une habitation séparée, la surveillance y sera très-facile, et il n'y aura jamais, entre les deux sexes, d'autres entrevues que celles qui seront autorisées. L'examen du plan, joint à cette brochure, donnera, à ce sujet, toute sécurité à la conscience la plus timorée.

Par l'application de ces dispositions, il est évident qu'une vie nouvelle devra alors commencer pour chaque enfant, pour l'orphelin surtout. Il est évident que celui-ci *pourra* ne plus être, comme cela à lieu aujourd'hui, un paria semant trop souvent l'épouvante et vagabondant péniblement. Il est évident encore qu'il *voudra*, au contraire, devenir un homme sérieux, désireux d'arriver promptement à la jouissance des affections qu'il saura faire naître, par suite de l'éducation morale qu'il aura reçue ; il est évident, enfin, qu'il *ambitionnera* de devenir le chef vénéré du cercle familier qu'il se sera créé, afin d'y recueillir *la joie* et *le bonheur,* auxquel tout individu aspire.

Pour que la généralité, des orphelins et autres enfants, puisse participer aux avantages de notre projet, nous en appliquons les dispositions à toute la France et nous répartissons cette généralité entre tous les départements, *et en proportion égale*, afin que chacun d'eux ait sa colonie, spécialement destinée à recevoir les enfants orphelins et autres qui lui incombent.

Notre plan comprend donc 86 colonies, susceptibles de recevoir annuellement, chacune, environ 60 enfants, et plus s'il y a lieu, des deux sexes, âgés de 12 ans, c'est-à-dire 30 garçons et 30 filles.

Ces colonies recevront d'abord, et par préférence, les orphelins et autres enfants du département où elles seront établies, jusqu'à concurrence du chiffre proportionnel voulu.

En cas d'insuffisance, le nombre affecté à chacune d'elle sera complété, au moyen d'enfants pris dans les départements limitrophes, ou dans ceux ayant, dans leur circonscription, des grands centres de population où les orphelins sont toujours nombreux.

La population de chaque colonie sera, *après neuf années d'existence*, au grand complet. Elle se composera, alors, d'environ 270 garçons et 270 filles, soit en tout 540 enfants des deux sexes, sauf à augmenter ce nombre, s'il y a lieu, et non compris le personnel de l'administration et celui chargé de l'enseignement.

Ainsi une colonie au grand complet comprendra :

30	garçons	âgés de	12 ans.	30	filles	âgées de	12 ans.
30	—	—	13 ans.	30	—	—	13 ans.
30	—	—	14 ans.	30	—	—	14 ans.
30	—	—	15 ans.	30	—	—	15 ans.
30	—	—	16 ans.	30	—	—	16 ans.
30	—	—	17 ans.	30	—	—	17 ans.
30	—	—	18 ans.	30	—	—	18 ans.
30	—	—	19 ans.	30	—	—	19 ans.
30	—	—	20 ans.	30	—	—	20 ans.

C'est lorsque ces derniers enfants auront accompli leur vingtième année et atteint la vingt-unième, qu'ils seront *mariés* ensemble, *dotés* et établis ainsi qu'il est dit.

Notre projet a été étudié, assez longuement et patiemment, pour être certain qu'il ne pèche aucunement, quant aux principes constituants. Nous avons pratiqué, assez longtemps, pour être assuré du résultat, quant aux détails d'exécution ; cependant, afin d'éviter toute observation qui aurait, pour objet, une infaillibilité que nous ne nous reconnaissons pas, nous avons décidé qu'avant de créer toutes nos colonies, il en serait créé d'abord *une*, afin d'inspirer toute la confiance que nous sollicitons et de faire la preuve, par une expérimentation de quelques années, que toutes nos prévisions sont justes ; que les budgets, formant la *deuxième partie* de notre travail et *dressés à l'avance*, pour chacune des dix premières années, dans le but de démontrer l'économie du projet et la possibilité de sa mise en exploitation, *n'ont rien d'exagéré* : enfin, que le résultat doit être aussi satisfaisant qu'il est possible de l'espérer, et que, *surtout*, il sera sensiblement plus heureux que tout ce qu'on a tenté d'obtenir jusqu'alors dans l'espèce.

CHAPITRE TROISIÈME.

MOYENS, DÉTAILS D'EXÉCUTION ET CONSIDÉRATIONS COMPARATIVES
SUR LE MODE D'APPLICATION PRATIQUE.

L'agriculture, ainsi qu'on doit le penser, est chargée de fournir tous les moyens nécessaires et indispensables à la réalisation du projet.

A cet effet, il a été fait recherche d'un domaine qui, par voie d'acquisition, pût être mis promptement à notre disposition, afin d'y placer le siége opératoire de la première colonie.

La prise de possession, par voie d'acquisition, a été préférée à toute autre voie, dans le but de procurer au capital, engagé dans l'entreprise, privilége de propriétaires, et tous autres exclusifs des droits des tiers.

La recherche a été faite de telle sorte que, dans son ensemble, le domaine puisse être promptement constitué de manière à en retirer tous les éléments capables de donner le résultat cherché et annoncé: c'est-à-dire que, par la composition de cet ensemble, il soit possible d'en obtenir, dans un très court délai, des produits de toutes sortes susceptibles d'être facilement écoulés à peu de frais, comme aussi de procurer, par leur abondance, recette suffisante pour être en mesure de solder chaque année :

1º Toutes les dépenses de la colonie, les frais de culture compris;

2º Les dépenses de l'administration, celles des ménages divers, etc.;

3º Le traitement des professeurs, des chefs d'emplois, des ouvriers, etc.;

4° Les locations qu'il pourrait être utile de faire ;

5° Les intérêts du capital social engagé ;

6° Un dividende à ce capital ;

7° La dotation des soixante enfants devenus majeurs ;

8° Enfin, la somme nécessaire à la création d'un fonds de réserve et de prévoyance, destiné à subvenir aux besoins ultérieurs de la colonie, tels, par exemple, que l'adjonction de crèches, de salles d'asile, etc., etc.

Comparativement à ce qui résulte, actuellement, de la mise en culture du sol, un semblable programme parait, à première vue, devoir être inexécutable.

Le doute est excusable, car on est si peu habitué à un résultat satisfaisant, en fait d'agriculture, que la question, ainsi résumée, a tout à fait l'air d'être un monstrueux paradoxe.

Ouvrons ici une parenthèse, pour examiner cela avec toute la brièveté possible en pareille occurrence, car, pour persuader, il est nécessaire de tout expliquer, surtout quand il s'agit d'une contradiction si considérable avec ce qui a toujours existé et avec ce qui existe encore partout.

I.

En thèse absolue, *les faits*, de quelque nature qu'ils soient ; quelle que soit l'idée à laquelle ils se rattachent, participent, tout à la fois, de deux choses bien distinctes dont, généralement, on ne se rend pas assez compte, bien que l'on dise, assez souvent, qu'il n'y a pas *d'effet sans cause.*

Ces deux choses distinctes sont donc :

1° *La cause* qui produit l'effet cherché, ou attendu ;

2° *L'effet* qui dérive de la cause.

En agriculture, *l'effet* est généralement connu, car on sait parfaitement que, là où on aura semé du froment, il y aura récolte de froment. Mais en est-il de même de *la cause ?* On sait bien qu'il y aura récolte de froment, mais sait-on combien on doit en récolter, ou plutôt, combien il doit être possible d'en récolter sur une quantité déterminée du sol ensemencé ?

Non, on ne sait généralement pas cela, car pour le savoir, il est indispensable de connaître, ne fût-ce qu'approximativement, non-seulement *la cause* productrice de l'effet, ce que l'on ignore à peu près, mais encore *la nature de la cause*, ce que l'on ignore complétement.

En effet, parce que l'on sait que la terre donne des récoltes, on croit tout savoir ! Mais cela ne suffit pas. Il faut encore, et surtout au début d'une culture quelconque, savoir si le sol possède la fertilité voulue ; il faut notamment savoir à quoi peut-être due cette fertilité ; connaître ce qui doit être fait pour procurer à ce sol toute la puissance fécondante que l'on veut qu'il ait, dans le cas où celle qu'il posséderait au moment de la prise de possession ne serait pas proportionnée à l'ambition du travail.

Voilà qui est bien élémentaire ! Et cependant, malgré cette simplicité d'action, on dédaigne généralement de s'en occuper.

A quoi, dit-on presque partout, pourrait servir une préoccupation semblable ? Est-ce que la terre ne donne pas des récoltes quand même ? Pourquoi vouloir chercher à lui demander plus qu'elle a l'habitude de donner ? Est-ce que la Providence ne pourvoit pas à tout ? Est-ce que l'on ne sait pas que telle terre donne habituellement tant de boisseaux de graines à l'arpent, et telle autre espèce tant ? Est-ce que la moyenne de ces rendements ne contente pas tout le monde ? A quoi servirait de savoir *pourquoi et comment* ces rendements sont obtenus, s'ils sont suffisants ? Et ne le seraient-ils pas, est-ce qu'il est possible de faire plus, si Dieu ne le veut pas ? etc., etc.

Il semble vraiment qu'en agriculture il ne doive pas être nécessaire de faire ce que le plus petit négociant fait, c'est-à-dire de chercher à augmenter la clientèle afin de faire de plus amples bénéfices.

Pourquoi, dit-on, le cultivateur agirait-il ainsi ? Est-ce que l'abondance dans la récolte n'amène pas sa ruine ?

Quel triste préjugé, grand Dieu !

Mais soit ! L'abondance crée la ruine du cultivateur. Est-ce une raison pour ne pas chercher à éviter cette ruine ? Est-ce une raison pour que tout cultivateur sérieux doive s'en rapporter aux faits accomplis ? Est-ce une raison pour que tout cultivateur industrieux ne cherche pas à faire mieux que ce qui existe, puisque le présent donne, dit-on, ruine et misère ?

Non ! non ! il ne peut en être ainsi ! Tout homme, ambitieux d'améliorer le sort des siens, doit vouloir, au début de toute entreprise agricole, se rendre compte de la valeur fécondante du sol, c'est-à-dire *de la cause productrice de l'effet à obtenir.*

Est-il donc si difficile d'approfondir la chose ? Voilà ce que nous allons examiner en détail et par ordre de faits, afin que tout le monde puisse être édifié et persuadé qu'il est facilement possible de faire *plus et mieux* que ce qui existe.

Jusqu'alors, on a défini la valeur du sol par une classification numérique qui n'est pas très-heureuse, par la raison que telle partie de ce sol, possédée par un homme intelligent, passe facilement de *la quatrième* à *la première classe.*

A quoi peut être dû ce résultat ? Est-ce à la valeur *essentielle* de la terre? Ne serait-ce plutôt à la valeur *artificielle* qu'elle acquiert circonstanciellement et temporairement par le travail et l'intelligence de l'homme ? Voyons donc cela.

Tout le monde sait et reconnaît que, *dans n'importe quelle situation*, la terre donne des produits, et que ceux-ci sont d'autant plus abondants et de bonne qualité que la terre est fertile.

Il y a là un fait incontestable. Mais ce fait ne donne-t-il pas matière à réflexion ?

Comment pourrait-il en être autrement, puisqu'il est avéré que l'abondance est en raison directe de la fertilité de la terre !

D'où ceci? C'est que la terre ne possède pas, *dans toutes les circonstances données*, la même somme de fertilité, puisqu'on accuse des inégalités dans la production. A quoi cela tient-il? Evidemment parce que telle espèce de terre, ou pour être plus vrai, parce que la terre, *dans telle occurrence*, forme un composé de tous les éléments capables de créer la substance fertilisante en quantité suffisante pour produire l'abondance désirée, alors que cette même terre, *dans toute autre condition*, comprend, dans sa composition, peu ou point de ces éléments créateurs de la fertilité.

Si cela est vrai, et il ne pourrait en être autrement à cause des sensibles différences quantitatives dans la production, il doit être permis de penser que, puisque la terre n'a pas, *partout et en toutes circonstances*, la même composition élémentaire, c'est qu'il y a eu, indubitablement, *addition* de certains éléments complémentaires pour celles des parties reconnues fertiles, ou à peu près.

Voilà, on en conviendra, une vérité parfaitement incontestable d'où doit découler cette conclusion définitive que, la terre n'étant fertile qu'au moyen d'une addition quelconque d'éléments autres que ceux qui la composent, la production végétale ne peut pas être un fait relevant directement de cette terre, puisque sa valeur créatrice n'est qu'une *valeur artificielle* due au travail de celui intéressé à ce qu'il en soit ainsi, c'est-à-dire au travail de l'homme,

puisque celui-ci profite de l'abondance due à cette valeur artificielle.

Des milliers d'expériences sont la preuve de cela et, pour convaincre les incrédules, s'il en existait encore, il suffirait de mettre
en regard les récoltes données par un sol ne recevant rien autre
chose que la graine des plantes qu'il doit reproduire, et celles
données par un sol cultivé avec soin et auquel on fournit toutes les
substances capables de créer l'abondance.

Qui ne sait, au surplus, que la terre cesse de donner un produit
quelconque, lorsqu'on veut en obtenir quelque chose sans lui
fournir ce que l'on sait être indispensable à la fructification de la
graine qui lui est confiée !

De ce qui précède, malgré l'exposition très-succincte à laquelle
nous avons été obligé de recourir, ne doit il pas découler ceci ?

1º Que la terre n'a, par elle-même, aucune puissance fertilisante.

2º Que cette puissance fertilisante, faussement attribuée au sol,
est le résultat d'une addition d'éléments divers et dissemblables de
ceux qui constituent ce sol, éléments qui, au moyen d'un mélange
raisonné, lui procurent la fécondité voulue.

3ºQue, cette addition et ce mélange pouvant avoir lieu en toutes
circonstances, et par tout intéressé au succès , pourvu qu'il ait la
somme de sagacité voulue, il y aura toujours lieu de donner à
n'importe quel sol la puissance fécondante désirée.

4º Enfin, et cela est incontestable, que la terre, *partout et en
toutes situations*, ne peut et ne doit être considérée que comme *un
réservoir*, auxiliaire et indispensable, ayant charge d'aider à la
combinaison des éléments nécessaires à la fructification des plantes
qui, par cela même, peuvent puiser, dans ce réservoir auxiliaire,
les sucs séveux qui leur sont propres, en proportion de l'abondance
et de la qualité du mélange.

Voilà le rôle, *et le seul rôle*, que la terre joue dans l'acte de la
végétation des plantes. Vouloir lui en attribuer un autre, c'est
vouloir égarer la raison publique et entretenir l'ignorance, car il
n'est pas possible de contester que les molécules terreuses, trouvées
dans les organes des plantes, n'y aient pas été transmises par
entraînement capillaire et circulatoire du suc séveux ; comme il
n'est pas possible de nier que les oxydes terreux et autres soient
présents dans ces organes, autrement que par la voie d'addition et
de mélange avec les molécules terreuses.

Et pour le dire en passant, il serait bien désirable que tous les propriétaires du sol puissent être convaincus de cette vérité, car, au lieu de louer leurs terres à des cultivateurs pauvres et ignorants, dont les intérêts sont forcément en opposition avec ceux du propriétaire, puisqu'ils ne peuvent faire autrement pour vivre qu'épuiser la terre sans avoir jamais rien à lui donner, ces propriétaires ne s'adresseraient qu'à des cultivateurs expérimentés, avec lesquels ils s'entendraient pour augmenter la puissance fécondante du sol, à charge d'un partage proportionnel dans la production surabondante.

Ceci admis, recherchons pourquoi le sol est fertile, ou plutôt à quelles causes il emprunte sa fertilité.

Si ce qui précède est la vérité, il devient évident que ces causes doivent dériver de l'addition et du mélange, avec le sol, de tous les éléments capables, *par leur nature et leur quantité respectivement proportionnelle*, de lui fournir, en se combinant, toute la puissance d'action voulue sur la vie végétale.

D'où cette question capitale :

Quels sont les éléments qui, ajoutés et mélangés au sol, sont les plus capables de lui procurer cette puissance d'action ?

Il est bien entendu ici que cette action a toujours lieu par la voie de transmission et non directement.

Pour résoudre convenablement cette question capitale, il serait indispensable d'entrer dans des discussions et des détails scientifiques qui ne seraient pas ici à leur place.

Nous nous contenterons donc de dire qu'il est admis, par la généralité des savants et des praticiens, que les éléments, vertueux par excellence, tels que les *phosphates*, les *urates*, les *nitrates*, les *carbonates*, les *azotates*, etc., etc., sont presque tous contenus dans un compost, appelé *fumier d'étable et d'écurie*, et en proportion suffisante pour procurer au sol telle puissance d'action qu'il appartiendra, surtout si ce compost est le produit d'une bonne et sage administration.

Donc, chaque fois que le sol ne possède pas une puissance d'action quelconque sur la végétation des plantes, c'est que l'on a négligé de lui adjoindre, et de mélanger avec ses parties constituantes, celles contenant les éléments capables de lui transmettre cette puissance.

En d'autres termes, lorsque le sol n'a pas toute la fertilité désirable, lorsqu'il ne donne pas le produit avec l'abondance satisfaisante, c'est qu'il ne lui a pas été adjoint la quantité voulue de *fu-mier d'étable et d'écurie*, puisque cette substance contient, dit-on, tous les éléments créateurs de la fécondité.

D'où il suit que, pour être en mesure de donner au sol la somme de puissance d'action que l'on veut qu'il ait, il faut toujours avoir, à sa disposition, la quantité de *fumier d'étable et d'écurie* nécessaire à la création de la somme de puissance assignée.

La conclusion forcée et obligatoire de ce dilemne doit être que, pour réussir dans une entreprise agricole quelle qu'elle soit, le cultivateur doit pouvoir, dès le début de l'entreprise, disposer d'une certaine quantité du fumier, s'il veut obtenir du sol une production plus considérable et plus en rapport de quantité avec ce que son ambition aura fixé, car, dans le cas contraire, c'est-à-dire s'il continuait à donner une fumure insuffisante, il n'obtiendrait, comme par le passé, qu'une réduction et une diminution dans la quantité comme dans la qualité du produit.

Cette vérité, on en conviendra, est la simplicité même et comporte un caractère pratique exempt de difficulté, quant à son application. Eh bien! malgré l'intérêt évident qui en ressort pour tout cultivateur, combien ont pensé à s'en préoccuper?

Au point de vue économique et industriel, est-il donc suffisant de s'en rapporter aux actes des prédécesseurs et de modifier ces actes, seulement en ce qu'ils ont de trop contraire à la bonne exécution de certains travaux?

N'est-il pas obligatoire, pour tout preneur de possession du sol désireux de travailler au mieux de ses intérêts, de se rendre un compte exact de la valeur fécondante du sol, surtout au moment de la prise de possession, et de chercher à savoir *de plano, pourquoi* la valeur fécondante du moment n'est pas plus grande, et *comment* il pourra arriver à procurer à ce sol une valeur de fécondité proportionnelle à son ambition de cultivateur?

Voyons donc si cela est bien difficile à connaître!

II.

Il ressort de ce qui précède que, pour être en mesure de donner au sol, quel qu'il soit, la puissance fécondante que l'on veut qu'il ait, eu égard à une somme de production déterminée, il était indispensable d'avoir à sa disposition une quantité proportionnelle de *fumier d'étable et d'écurie*, puisqu'il était reconnu que cette substance comprend, dans sa composition, tous les éléments capables de produire l'effet cherché, ou à peu près.

Cela admis, il faut rechercher par quels moyens il peut être possible d'obtenir la quantité voulue *de fumier* ainsi qualifié, comme aussi à quel prix cette substance pourra être obtenue, car il ne suffit pas d'avoir le produit, il faut encore que le prix de revient de ce produit soit en rapport avec sa valeur commerciale et courante, sans quoi il y aurait perturbation dans la vitalité de l'entreprise.

Mais pour plus de clarté et de précision, demandons :

1° *Comment et à quel prix peut-il être possible d'avoir la quantité de fumier d'étable et d'écurie reconnue nécessaire à l'obtention du résultat cherché?*

2° *Quelle doit être, au surplus, cette quantité, par rapport à la superficie du sol cultivé ?*

Voilà deux questions bien distinctes et qui doivent former ensemble la base fondamentale de toute entreprise agricole !

De leur solution, plus ou moins approfondie, depend nécessairement la réussite de l'entreprise, et on doit être convaincu que, si, pour la généralité des cultivateurs, il y a déchet dans les bénéfices prévus, c'est qu'ils ont négligé de porter leur attention sur des questions préalables qui, par leur corrélation, constituent fondamentalement l'entreprise.

Essayons de suppléer à la négligence usitée généralement et, par ordre de faits, examinons la chose dans ces détails spéciaux.

Pour résoudre la première question, il est hors de doute que, quiconque voudra se donner la peine de chercher, obtiendra beaucoup de fumier en recourant à l'achat, surtout lorsque l'on saura établir de bonnes relations avec les grands centres de population qui contiennent, et où on entretient, une notable quantité de chevaux et de bestiaux de toutes sortes.

Mais, indépendamment que recourir à l'achat est une opération beaucoup plus dispendieuse que l'on se l'imagine généralement, en raison du temps perdu en courses et des faux frais dont on tient rarement compte, cette opération d'achat est, formellement, en contradiction avec le principe économique dont toute entreprise industrielle relève !

Le but de tout industriel, producteur ou transformateur, n'est pas seulement d'obtenir le produit quand même ! S'il est sérieux, il doit vouloir obtenir ce produit de manière que la dépense, nécessaire à l'obtention, soit faite avec la plus grande réduction possible, pour que cette dépense ne puisse jamais être supérieure à la valeur moyenne et commerciale du produit !

Cet industriel doit vouloir aussi que le produit obtenu puisse être écoulé avec un avantage marqué, pour ses intérêts et sa fortune, par la raison qu'il ne recherche ce produit qu'en vue d'un profit quelconque.

Or, si, pour obtenir le produit, l'industriel agricole recourt à l'acquisition du fumier nécessaire à la fabrication du produit, il court grandement le risque d'acquérir le produit à un prix supérieur à la valeur moyenne et commerciale de ce produit, car tout s'enchaîne ici bas, et on ne peut nier l'influence d'une augmentation de valeur d'une marchandise quelconque sur la valeur de toutes les marchandises similaires.

En tous pays et en tout état de cause, il est reconnu qu'une bonne administration industrielle ne doit jamais avancer une portion de son avoir sans s'être rendu un compte exact des profits qui peuvent sortir des opérations projetées, car, dans le cas contraire, on a l'air de travailler à l'aventure, ce qui est partout condamnable.

Or, si cela est exclu et condamné partout, et pour toute entreprise industrielle, pourquoi y aurait-il exception pour l'industrie agricole, qui est sous la dépendance de tant d'influences pernicieuses et qui, par cela même, doit être exercée avec toute la prudence et toute la ponctualité voulue ?

Il résulte donc de ceci, comme conséquence logique, que tout agriculteur, désireux de ne pas être plus ignorant que tout autre industriel ; désireux de ne rien risquer avantureusement et, surtout, désireux de conduire son entreprise de manière à être parfaitement édifié sur tout ce qui en composera l'ensemble, doit essayer d'obtenir la quantité de fumier, qu'il jugera nécessaire à la création de la puissance fécondante assignée au sol, sans être obligé de recourir à l'achat.

Comment faire alors, dira-t-on ?

Ceci est une grande objection sans grande valeur, par la raison qu'il doit, toujours et partout, être possible d'établir des cultures de manière à en faire sortir le maintien *d'un équilibre constant* entre la production et la force productrice.

C'est du moins ce qui découle de ce qui précède et ce qui découlera de la suite de ce travail, car, si le contraire était admis, s'il était impossible de maintenir l'équilibre entre des forces divergentes, il faudrait nier la possibilité d'une perfection progressante ; il faudrait retirer à l'homme la faculté qu'il possède d'imposer un rôle, voulu, à tous les éléments mis à sa portée et à sa disposition.

En d'autres termes, le cultivateur doit savoir disposer la totalité des terres, prés et patures composant le domaine dont il prend possession, de telle sorte qu'il puisse sortir de ces terres, prés et pâtures tous les éléments nécessaires à la création d'une somme *de force productrice*, proportionnelle à la somme *de production* qui sera exigée de ces diverses parties du domaine.

Une pareille disposition est-elle donc impossible? Voyons encore.

Mais avant tout, examinons ce qui peut être entendu par cette dénomination : *La force productrice*.

Si nous comprenons bien la chose, nous croyons qu'elle doit être le résultat d'une action exercée, par un agent quelconque, sur une machine chargée de produire, ou plutôt d'aider à la production de tout ce que l'on voudra.

Or, dans l'espèce, quelle est la machine chargée de produire, ou d'aider à la production de l'objet cherché, n'est-ce pas la terre?

Mais la terre, nous l'avons reconnu, n'a aucune puissance par elle-même, et celle qui lui est dévolue, dans l'acte de la végétation des plantes, lui vient d'une adjonction d'éléments que l'on dit être contenus, en grande partie, dans ce qu'on appelle *fumier d'étable et d'écurie*.

Donc, la *force productrice*, propre au sol, n'est autre chose que le résultat de l'action exercée sur ce sol par le *fumier* adjoint par mélange !

D'où cette inévitable conclusion que, pour pouvoir doter le sol *d'une force productrice quelconque*, on doit nécessairement avoir à sa disposition, n'importe comment, du fumier d'étable et d'écurie en quantité proportionnelle à la somme de force productrice voulue.

Le fumier, comme on le voit, est la base fondamentale et, si on peut se servir de cette expression, le quotient de toutes les opérations, de toutes les formules usitées pour résoudre le problème agricole. Il faut nécessairement, si on veut connaître la vérité et être apte à en tirer toutes les conséquences, savoir comment il peut être possible de se procurer cette substance *quotiente*, sans être obligé de recourir à l'achat, puisque cela est condamné par le principe économique.

Mais tout d'abord, *qu'est-ce que le fumier d'étable et d'écurie?*

C'est, dit la généralité, presque toujours le *produit d'une consommation fourragère* opérée par certains animaux domestiques, dont les déjections de toutes sortes sont, soigneusement, mélangées avec diverses substances pailleuses, ou autres, employées à servir de litière à ces animaux.

S'il en est ainsi, et personne ne pourrait le contester, il ne faut, pour être en mesure d'établir l'équilibre indiqué ci-dessus, qu'obtenir des terres, prés et pâtures composant le domaine, quel qu'il soit, la *quantité de substances fourragères* nécessaire à la fabrication *de la quantité voulue de fumier d'étable et d'écurie*, puisqu'il est reconnu que ce fumier comprend toute la capacité nécessaire pour procurer aux terres du domaine, la somme de *force productrice* que l'on veut qu'elles aient.

On verra plus loin ce qui devra être fait pour obtenir cette quantité de substances fourragères, eu égard à la création d'une somme de *force productrice déterminée*. Nous constatons seulement ici un fait irréfutable, à savoir : qu'il est possible de se dispenser de recourir à l'achat du fumier *pour créer la force productrice*, puisqu'il peut en être fabriqué au siége de l'exploitation, en y faisant consommer les substances fourragères, obtenues sur certaines parties du domaine, et de la manière qui sera indiquée ultérieurement.

Reste à savoir si cette fabrication au siége de l'établissement pourra être, en tout temps et en toute circonstance, suffisante pour obtenir la quantité voulue.

Ceci nous conduit à nous occuper de la deuxième question que l'on sait être ainsi conçue :

Quelle doit être la quantité de fumier à donner au sol par rapport à une superficie déterminée?

Quoi que l'on en dise et quoi que l'on fasse, la réponse à cette question sera toujours subordonnée à l'ambition de l'homme, et il est évident que, plus il voudra obtenir du sol, plus il sera obligé de lui procurer la puissance fécondante, c'est-à-dire une fumure abondante et proportionnelle à son ambition, puisqu'il est reconnu, en principe, que le sol est incapable de toute production si on cesse de lui donner du fumier.

Mais cela n'est pas répondre à la question, puisqu'il n'y a pas le moindre principe applicable à la solution du problème.

Pour y répondre directement, nettement et catégoriquement,

nous allons recourir à la logique des chiffres, dont l'emploi est indispensable à l'élucidation des faits.

Si on admet qu'une fumure annuelle *de cent quintaux métriques* (10,000 kilogrammes), par chaque hectare de terre labourée et ensemensée, puisse donner des produits de toute sorte en abondance suffisante pour satisfaire l'ambition du cultivateur, il sera évident que la quantité de fumier, dont celui-ci aura besoin pour fumer les terres du domaine dont il aura la possession, *devra être égale à autant de fois* 10,000 *kilog.* qu'il voudra labourer et ensemencer d'hectares de terres, dependant de ce domaine, pendant le cours de cette même année.

Cela est concluant, admissible, incontestable !

Mais cela n'est pas tout ! Pour que la réponse soit bien comprise, il est indispensable de l'elucider par la question suivante, qui lui servira de complément.

Puisque le fumier d'étable et d'écurie est le produit d'une consommation fourragère, combien doit-il être consommé de fourrage pour produire une quantité déterminée de fumier? Un kilogramme, par exemple.

Ceci semble être une complication ! Il n'en est rien cependant, car, en y réfléchissant bien, la réponse à cette question peut être faite de manière à résoudre, complétement, celle si controversée des engrais.

Nous allons donc faire cette réponse comme il convient de le faire.

On a beaucoup expérimenté jusqu'à ce jour sur la relation qui peut exister entre le fourrage consommé et le fumier fabriqué, quant à leurs quantités respectivement proportionnelles, et aucun des expérimentateurs n'ont pu tomber d'accord sur cette relation quantitative.

Comment cela aurait-il pu exister d'ailleurs ? Est-ce que les animaux domestiques ne diffèrent pas entre eux par la race, par le caractère, par la vigueur et par une foule d'autres choses? Est-ce que ceux d'une même race et d'un même âge peuvent s'assimiler les aliments de la même manière, s'ils diffèrent entre eux par la capacité thoracique et la capacité abdominale? Est-ce que cette différence, jointe à une foule d'autres qu'il est inutile d'énumérer ici, ne doit pas faire varier les secrétions humorales, fecales, etc.? Est-ce qu'alors l'excrementation peut être la même pour ces animaux? Non assurément.

Le résultat a dû nécessairement varier, même assez sensiblement, mais, quel qu'il puisse avoir été, on a acquis la preuve que jamais *un kilogramme de fourrage sec,* consommé dans de bonnes conditions, ne pouvait donner moins de *deux kilogrammes de fumier,* chaque fois que le bétail consommateur était mis en position d'uriner et d'excrémenter sur une litière pailleuse, raisonnablement renouvelée.

Tenons-nous en à ce résultat pour apprécier convenablement la chose, bien qu'il soit plutôt au-dessous qu'au-dessus de la vérité, et disons que, *puisqu'un kilogramme de fourrage sec* représente à peu près *deux kilogrammes de fumier,* chaque fois que la consommation est faite selon les conditions ci-dessus indiquées, il faudra, pour pouvoir fumer chaque hectare de terre, cultivée et ensemencée, à raison de 10,000 kilogrammes chaque année, être en mesure de récolter annuellement *autant de fois cinq mille kilo· grammes de substances fourragères que le domaine comprendra d'hectares de terre en culture.*

Y a-t-il là l'ombre d'une difficulté? La suite nous l'apprendra. Constatons seulement, encore une fois, que la solution du problème agricole n'est pas aussi difficile qu'on peut le croire à première vue et que depuis longtemps cette solution serait connue, si certain préjugé n'avait fait cause commune avec l'ignorance et la misère ; si, au lieu de guerroyer contre ce préjugé, on avait plus amplement examiné les faits, et si enfin les agriculteurs de cabinet avaient franchement abordé la question, au lieu de se lancer à toute vapeur dans l'espace infini des suppositions analogiques.

Mais revenons à nos moutons, car nous voici arrivé au moment d'examiner la question concernant la production des substances fourragères, destinées à la fabrication du fumier, et de savoir comment il peut être possible d'obtenir des terres, de n'importe quel domaine, la quantité voulue de ces substances pour atteindre le résultat cherché.

Là est toute la question, la véritable question, et il faudrait être pourvu d'une bien lourde intelligence pour ne pas comprendre que la quantité de fumier, nécessaire à une bonne et puissante fécondation du sol, sera toujours subordonnée à la quantité des substances fourragères consommées au siége de l'établissement, notamment lorsque, comme nous l'indiquons, l'on ne voudra pas recourir à l'achat pour avoir tout le fumier voulu.

Cette question est-elle plus insoluble que les autres ? C'est ce que nous allons savoir.

III.

Dans toutes les localités comme dans toutes les positions, le sol, bien ou mal cultivé, donne un produit dont on peut connaître le rendement moyen , par rapport à une surface déterminée et quelle que puisse être la nature du produit.

Chaque fois que l'on pourra connaître et que l'on connaîtra ce rendement moyen, on sera sûr d'avoir la clé de tout.

Ainsi, par exemple, si le rendement moyen de toutes les natures des produits fourragers est d'environ 10,000 *kilogrammes* par chaque hectare de terre occupée par ces produits, il doit être hors de doute qu'en occupant *la moitié* de la totalité des terres du domaine par un produit fourrager quelconque, la question pourra être résolue.

Mais si, au contraire, ce rendement moyen était seulement *de 6 à* 7,000 *kilogrammes* au lieu d'être de 10,000 kilogrammes par chaque hectare, il doit encore être hors de doute que pour faire disparaître la difficulté et pour pouvoir résoudre la question, il serait indispensable d'occuper, par un produit fourrager, les *deux tiers au moins* de la totalité des terres, prés et pâtures composant le domaine.

Posée ainsi, cette question n'est plus qu'une *affaire d'assolement.* En est-elle plus insoluble ? avec de la patience nous le saurons.

Pour pouvoir récolter un produit fourrager sur les deux tiers de la totalité des terres, prés et pâtures d'un domaine quelconque, il est évident que la manière la plus simple consisterait assurément à semer de la graine fourragère *sur les deux tiers* de ces terres ; mais en faisant ainsi agirait-on sagement ?

Cela est douteux, car on réduirait la production des substances alimentaires et celle des substances commerciales, proprement dites, *au tiers* de la totalité des terres du domaine, ce qui serait agir contre ses intérêts, comme aussi contre la raison d'État, qui doit se préoccuper un peu de la substantation des populations.

Comment faire alors ? très-peu de chose !

Il faut simplement, si on veut résoudre le problème à la satisfaction générale, *s'attacher à un mode de culture et d'assolement* qui puisse permettre d'occuper, par produits alimentaires ou commerciaux, au moins *la moitié de la totalité des terres* du domaine à cultiver, tout en occupant *les deux tiers de cette totalité* par produits fourragers.

Voilà encore une proposition qui a bien l'air d'être une monstrueuse erreur! Il n'en est rien cependant, et on doit s'en convaincre.

Mais avant toutes choses, voyons ce que l'on entend par le mot *assolement?* Indique-t-il seulement la division quelconque de la superficie totale d'un domaine, en un nombre de portions égales entre elles? Ne doit-il pas aussi relever des règles qui constituent l'état économique de toute entreprise ? Ne comprend-il pas enfin, dans sa signification, l'une des questions les plus complexes de la science agricole? Examinons cela avec la plus grande brièveté possible; peut-être en sortira-t-il un utile enseignement!

IV.

Et tout d'abord, quel est le but du labourage, quel résultat espère-t-on de cette opération ?

Ce doit être, évidemment, de diviser le sol, afin d'arriver, par la séparation et la disjonction la plus étendue de toutes les molécules terreuses qui le composent, à un ameublissement satisfaisant.

Pourquoi? Mais sans nul doute, pour que ces molécules puissent, par toutes leurs faces, être en contact avec l'air atmosphérique.

Pourquoi encore? Probablement pour qu'elles soient en mesure de puiser dans cet élement, et le plus souvent possible, ceux des principes actifs qu'il contient et qui sont reconnus pour avoir une influence marquée sur la végétation des plantes.

Tout cela est incontestable, car, s'il en était autrement, à quoi servirait de labourer le sol?

Que résulte-t il de ceci? C'est que, pour obtenir de l'opération du labourage tout le bénéfice voulu, cette opération doit être faite à l'époque de l'année où le contact de l'air atmosphérique, avec les molécules terreuses du sol, permet à celles-ci de puiser, dans l'élément atmosphérique. la plus grande somme possible des principes qu'il contient.

Cela admis, il faut rechercher, et essayer de préciser, l'époque de l'année où ces principes actifs peuvent être puisés abondamment.

Pour faciliter la recherche, il est nécessaire de recourir à l'étude des méthodes culturales le plus généralement usitées, et qui ont acquis la force de la pratique expérimentée.

Ainsi, presque partout, sinon partout, on soumet le sol à un assolement tel que *le tiers de la totalité des terres* porte un blé d'automne, *un autre tiers* porte une céréale de printemps, alors *que le troisième tiers* est occupé, dans des proportions variables, par une plante fourragère, par des racines et par une jachère.

Que voit-on dans ce mode de culture ? que le tiers de la totalité des terres du domaine doit être labouré pendant les mois de février, de mars et d'avril, pour recevoir la graine de la céréale de printemps qui doit occuper cette portion du domaine.

Mais, à cette époque de l'année, le sol est saturé d'eau par suite des pluies hivernales et de la fonte des neiges, et, dans cet état, il paraît peu possible d'obtenir de l'opération du labourage le bénéfice cherché.

Pourquoi ? mais parce que, sous l'action conglutinante de l'eau, toutes les parties du sol qui subissent une pression quelconque, telle que celle du soc et du versoir de la charrue, du piétinage du bétail attelé à cette charrue, etc., etc., au lieu de se disjoindre, doivent, au contraire, se rapprocher, de manière à former un conglomérat assez compacte pour être impénétrable à l'air atmosphérique.

Qu'en résulte-t-il alors ? tout simplement une chose déplorable, car, pendant qu'elles sont enfermées dans ce conglomérat, les molécules terreuses sont privées des moyens de puiser dans l'air les principes actifs dont on connaît l'utilité, et lorsqu'elles sont en contact avec la graine des plantes, elles ne peuvent fournir, au germe de cette graine, les éléments vitaux qui sont si nécessaires au développement de la jeune plante, surtout au moment de la germination.

Il arrive alors forcément ceci : Une innombrable quantité de graine avorte pendant la germination, faute d'alimentation suffisante.

Le mode d'assolement, appliqué de manière à exiger le labourage d'une partie du sol pendant l'époque où il est saturé d'eau, est donc irrationnel, et pèche contre les règles économiques de la science agricole.

Et cependant c'est le mode usité généralement et depuis les temps les plus reculés ! aussi, que de mécomptes ! que de ruines et de misères inexpliquées !

L'époque où le sol est saturé d'eau n'est donc pas celle où l'opération du labourage doit être faite, pour en obtenir tout le bénéfice voulu, et tout assolement qui n'est pas combiné de manière à éviter le labourage du sol, pendant cette période d'humidité, ne doit être considérée que comme le fruit de l'ignorance.

Nous demandons pardon à nos pères de cette conclusion qui, du reste, n'est pas le fait de notre volonté, mais bien celui d'une rigoureuse démonstration.

Mais à quelle époque de l'année l'opération du labourage peut-elle être possible pour ne commettre aucun péché contre la règle ci-dessus mentionnée ?

Ce doit être assurément à l'époque où la température de l'air atmosphérique a pu être assez élevée pour avoir opéré l'évaporation de l'eau retenue par le sol, c'est-à-dire après les pluies équinoxiales du printemps, car alors, l'humidité du sol ne pouvant plus être assez considérable pour produire une action conglutinante, la disjonction de toutes les molécules terreuses pourra s'opérer convenablement, et elles seront en mesure de puiser, à bonne source, les principes dont l'action bienfaisante est si puissante sur la végétation.

D'où cette conclusion logique que, pour satisfaire à la loi économique de la science agricole, la division du sol doit être faite de telle sorte que l'opération du labourage ne doive être faite qu'en avril ou mai de chaque année, sur n'importe quelle partie du domaine.

V.

Mais la science agricole est-elle seule intéressée à ce qu'il en soit ainsi ? Le travail n'a-t-il pas à subir quelques modifications par suite de l'application de ce principe ? Voilà ce qui doit être encore examiné.

Lorsque le sol est labouré, à une époque où il est saturé d'eau, il doit nécessairement arriver ceci : c'est que, à cause de l'état d'humidité où se trouve le sol, on est presque toujours obligé de faire tirer la charrue par une force qui peut être fixée, à titre d'exemple, comme l'équivalence de celle de trois chevaux, dont, en raison d'une ténacité occasionnée par l'action conglutinante de l'eau, on obtient, pendant un travail de dix heures, le labourage d'une superficie égale à 35 ares environ, soit alors un tiers d'hectare pour le travail d'une journée de la charrue, ou 3 ares et demi par chaque heure de ce travail.

Si le labourage était effectué à une époque où l'eau, retenue par le sol, a pu être évaporée, dans le courant du mois de mai par exemple, il est incontestable que l'action conglutinante de l'eau pourrait avoir sensiblement diminué ; la ténacité du sol devrait nécessairement être moins grande ; il y aurait, par conséquent, moins de résistance à vaincre et il serait possible de faire le travail *avec une sensible diminution* dans la force tractive appliquée.

Deux chevaux pourraient alors suffire à la traction de la charrue.

Et pourquoi ne résulterait-il pas de ceci *une augmentation proportionnelle dans la vitesse d'action*, puisqu'il y aurait diminution dans la résistance à vaincre ?

Une charrue pourrait alors, pendant le même espace de temps (dix heures), remuer une plus grande superficie du sol.

D'où encore cette conclusion que la division du sol, faite de telle sorte que l'opération du labourage ne doive être exécutée qu'en avril ou mai de chaque année, c'est-à-dire à une époque où l'eau retenue par ce sol aura été évaporée suffisamment pour réduire son action conglutinante , sous l'influence de l'élévation de la température atmosphérique, procure au cultivateur un avantage assez sensible, puisqu'il obtient, de ce mode de culture, *économie de force* pour le tirage de la charrue, et *travail effectif* plus considérable.

Mais est-ce bien tout ? Examinons encore.

Il est dit plus haut que l'usage imposait presque l'obligation de soumettre le sol à un assolement tel que la totalité des terres, de chaque domaine, comprenait trois divisions à peu près égales en étendue.

Soit alors trois soles égales.

Pour bien préciser notre examen, donnons à chacune de ces soles une superficie déterminée, 30 hectares par exemple.

Selon ce qui précède, le labourage d'une sole semblable exigerait le travail d'une charrue pendant 90 journées de dix heures, ou, en d'autres termes, le travail de trois charrues pendant 30 jours.

Mais si, au lieu de diviser la totalité des terres d'un domaine en trois soles égales, on divisait par exemple cette totalité en six soles aussi égales, il en résulterait nécessairement que la superficie de chaque sole ne serait plus que de 15 hectares au lieu de 30 hectares.

Il arriverait alors que, pour labourer une sole devant comprendre seulement *le sixième* de la totalité des terres, il faudrait moitié moins de temps que pour labourer une sole comprenant *le tiers* de cette totalité ; c'est-à-dire qu'au lieu de sacrifier à ce travail 90 journées d'une charrue, il faudrait y sacrifier seulement 45 journées de cette charrue.

Cela serait-il économique et profitable ? Telle est la question.

Les observations météorologiques ont fourni la preuve que la durée moyenne des fixités barométriques dépassait rarement le terme de 15 à 20 jours, et qu'au-delà de ce terme on pouvait redouter *soit une sécheresse excessive, soit une abondante humidité.*

De cette preuve on a été amené à conclure que, pour éviter l'alternative ou de fatiguer outre mesure le bétail de trait pendant la période de sécheresse, ou de laisser ce bétail au repos pendant la période d'humidité, tout entrepreneur de culture devait indispensablement avoir, en tout temps, à sa disposition, le matériel nécessaire pour opérer le labourage de chacune des soles, composant l'exploitation, dans l'espace de 15 à 20 jours au plus.

Si cela est vrai, et tout porte à le croire, sous la réserve de l'exception cependant, il faudrait, chaque fois qu'il s'agirait d'exploiter un domaine de 90 hectares de terres labourables, par exemple, avoir un matériel complet de *cinq charrues*, si ce domaine était soumis au mode de culture par la division de 3 soles égales, tandis que pour exploiter ce même domaine de 90 hectares, selon le mode de culture par division de 6 soles aussi égales, un matériel de *deux charrues* pourrait suffire au besoin.

Pourquoi cela? Parce que la sole de 30 hectares peut exiger un travail de *quatre-vingt dix journées de dix heures*, soit *dix-huit* journées pour chacune des *cinq charrues*, tandis que la sole de 15 hectares exigera, à travail effectif égal, seulement *quarante-cinq journées de dix heures*, soit 22 1/2 journées pour chacune des *deux charrues.*

Mais si on admet que le travail effectif d'une charrue, pendant une heure, peut équivaloir à un labourage de 5 ares de terre au lieu d'être l'équivalent de 3 ares et demi seulement, on reconnaîtra sans peine que la sole, qui comprend une superficie de 15 ares, peut être labourée facilement *en trente journées* du travail d'une charrue, soit 15 journées pour chacune des deux charrues.

Et pourquoi n'en serait-il pas ainsi? N'a-t-on pas constaté la possibilité *d'une diminution dans la force tractive appliquée* chaque fois que le sol est labouré, alors que l'humidité ne peut plus avoir une action conglutinante suffisante pour produire une résistance quelconque aux instruments aratoires ?

D'où nécessairement *une augmentation proportionnelle dans la vitesse d'action* de l'instrument, puisqu'il rencontre une résistance sensiblement moindre que celle fournie par l'état d'humidité du sol.

Voilà donc encore un avantage considérable qui doit faire donner la préférence au mode de culture dont l'assolement évite le labourage pendant le temps où le sol est saturé d'eau; avantage qui, on en conviendra, mérite d'être pris en sérieuse considéation, par toute entreprise agricole, puisqu'il en résulte la possibilité de faire le même travail avec une économie *des trois cinquièmes* sur la dépense, puisqu'il en résulte *économie et profit*, en ce qui concerne le travail.

VI.

Il reste à examiner maintenant si un tel mode de culture est susceptible de produire *économie et profit* en ce qui concerne la production.

Il reste, en outre, à savoir si, par l'application de ce mode de culture, il est possible d'obtenir du sol les éléments nécessaires à la création de *cette force productrice* dont il est parlé plus haut, sans être obligé de recourir à l'achat.

Il existe peu de domaines qui, dans leur composition générale ne comprennent une petite portion de *prairie naturelle*.

Le cultivateur insoucieux, comme le sont presque tous les cultivateurs pauvres et ignorants, garde *cette prairie, telle quelle*, sans chercher à l'augmenter, voire même à la diminuer, au moins dans ses parties les plus médiocres, si la régularité de toutes les parties du domaine nécessitait une réduction.

Il ne doit pas en être ainsi du cultivateur soigneux de ses intérêts, et désireux de voir progresser son industrie.

Avec toute la sagesse voulue, il doit augmenter ou réduire, s'il y a nécessité pour cause d'infériorité, *cette prairie naturelle* de manière à porter sa superficie *au septième* environ de la superficie totale du domaine ; les bois, les vignes et les étangs exceptés, bien entendu.

De cette manière le domaine, quelle que puisse être son étendue, se composerait 1º d'une prairie naturelle égale en surface à *la septième* partie de toutes les terres y compris les prés.

2º De six autres parties égales, en superficie, chacune à la prairie naturelle et avec lesquelles il serait possible de former *six soles égales*, susceptibles d'être occupées *simultanément et alternativement*.

Ici se présente la question de savoir comment et par quelles plantes devront être occupées ces six soles, pour l'être *simultanément*, en se conformant à la loi économique qui proscrit le labourage du sol pendant qu'il est saturé d'eau, c'est-à-dire pendant les trois ou quatres premiers mois de l'année ?

Si on se reporte à ce qui précède, on reconnaîtra qu'à côté de l'occupation *simultanée* il y a l'occupation *alternative* et que la combinaison de ces deux modes d'occupation doit, quelle que soit la préférence donnée à telle ou telle plante par le cultivateur, faciliter la solution du problème.

En effet, faire *alterner* les plantes dans leur occupation du sol, ce n'est pas seulement les faire succéder les unes aux autres, mais bien encore suivre, dans l'ordre de succession, comme aussi appliquer la loi des sympathies et des antipathies ; la loi des épuisements et des améliorations ; car, il faut bien le reconnaître, les plantes ont des familles, et tout ce qui n'est pas de leur famille leur est antipathique au suprême degré.

Et puis, les plantes, quoi qu'on en dise, épuisent toutes le sol, car, s'il en était autrement, on expliquerait difficilement leur existence ; seulement elles sont épuisantes *proportionnellement à la surface de leurs parties foliacées et au temps qu'elles occupent le sol*.

Qui donc oserait soutenir que celles, abattues au moment où apparaissent les premières fleurs, doivent prendre autant au sol que celles abattues après la complète maturation du fruit ?

Partant de ce principe, il y a lieu de penser que l'occupation du sol par les plantes ci-dessous indiquées, et selon l'ordre d'occupation décrit, doit satisfaire à tout et répondre à toutes les objections.

Ainsi, abstraction faite de la sole occupée par la *prairie naturelle*, il est possible d'occuper les six autres soles, comme suit :

Première sole. — *Blé d'automne* sur jachère complète, avec semis de graine de *trèfle*, dans le mois de mars de l'année suivante.

Deuxième sole. — *Trèfle* à récolter dans le mois de juin, après quoi on défriche, afin de préparer le sol à recevoir, dans les premiers jours de juillet, *colza*.

Troisième sole. — *Colza* à récolter en juin, puis jachère afin de préparer le sol à recevoir un *blé d'automne*.

Quatrième sole. — *Blé d'automne* à récolter en juillet, puis rétoulage afin de semer en septembre, sur moitié de la sole, *jarosses d'hiver ;* préparer l'autre moitié pour *racines*.

Cinquième sole. — *Jarosses d'hiver* à récolter en mai, puis *vesces d'été,* fin mai sur cette même demi-sole ; sur l'autre partie, *racines* à semer en avril, *blé d'automne* sur le tout fin octobre.

Sixième sole. — *Luzerne* semée en mars sur céréale ; cette plante fourragère devant occuper le sol dix ou quinze années.

Voilà une proposition nette et précise. Remplira-t-elle complètement le but ? C'est ce qu'il importe de voir.

D'abord, selon cette disposition la rotation de culture s'exerce de manière que le sol porte *alternativement* une plante épuisante et une plante améliorante, ou plutôt un peu moins épuisante.

Ensuite, la combinaison d'un pareil *assolement* offre l'avantage de pouvoir pratiquer ce que l'on appelle la *jachère*, c'est-à-dire de laisser une sole inoccupée pendant un certain laps de temps, ce qui permet de le labourer à l'infini, pendant ce temps d'inoccupation, dans le but de détruire ou de supprimer la végétation des plantes nuisibles et inutiles, comme aussi de faciliter dans le sol la pénétration de l'air atmosphérique, dont les éléments ont tant d'influence sur la végétation des plantes.

Enfin, l'application de cet *assolement* permet d'occuper constamment la totalité des terres sans avoir à redouter leur *épuisement* ou leur *effritement*, puisqu'on y observe toujours un ordre de rotation régulière et conforme aux lois de *l'alternat* rationel.

En effet, que voit-on dans cette manière de diviser les terres d'un domaine ?

La culture d'une *céréale*, c'est-à-dire d'une plante qui, étant coupée presque toujours après complète maturation du fruit, doit nécessairement épuiser le sol et très-peu lui rendre, par la raison que ses parties foliacées sont peu volumineuses et ont une très-faible surface.

Puis, par succession à cette *céréale*, la culture d'une plante *légumineuse* qui est presque toujours abattue au commencement de la floraison de ses tiges qui sont utilisées pour fourrage ; plante dont le rôle doit nécessairement peu épuiser le sol et qui, au contraire, doit lui rendre beaucoup, et l'améliorer par les nombreux débris de ses parties foliacées qui ont généralement une surface assez grande.

On peut, il est vrai, objecter ceci : c'est que dans cet *assolement* on voit figurer la culture *d'une céréale*, plante très-épuisante, par succession à la culture du *colza*, autre plante qui a aussi la propriété de passablement épuiser le sol, puisqu'elle est toujours abattue après complète maturation du fruit.

Cette objection paraît fondée, cependant il est bon de remarquer que le *colza*, ayant beaucoup de feuilles spacieuses, volumineuses et très-parenchymateuses, qui jonchent le sol aussitôt après la floraison de la plante, porte naturellement avec lui le correctif du rôle qu'il joue dans l'épuisement du sol.

Il est bon de rappeler, en outre, que la récolte du *colza* ayant toujours lieu dans le courant du mois de juin, il peut être appliqué au sol le travail de ce que l'on appelle *jachère ;* c'est-à-dire qu'entre l'époque où a lieu l'abattage de la plante et celle où doit avoir lieu la semaille du blé d'automne, de *fin de juin à fin d'octobre*, il sera possible de labourer deux ou trois fois ce sol; qu'alors il pourra se saturer abondamment des principes actifs contenus dans l'air atmosphérique, et reconquérir avec bénéfice les éléments qui pourraient lui avoir été enlevés par la végétation du *colza*.

On doit donc en conclure qu'il n'y a rien à redouter, pour le sol, d'une pareille succession dans la culture des plantes, puisque l'équilibre doit être promptement et abondamment rétabli dans sa vertu fertilisante.

On doit en outre reconnaître qu'en appliquant au sol le mode de culture *alternante*, tel qu'il est décrit plus haut, on remplit le but complétement et à la satisfaction de tous les intérêts.

En effet, puisque la division de la totalité des terres en six soles égales, *avec alternat combiné*, permet d'occuper constamment et complétement toutes les soles, il doit en résulter nécessairement une chose toute naturelle ; c'est que l'opération du labourage ne peut, dans ce cas, être pratiquée qu'après la récolte de chaque plante qui occupe le sol.

Or, dans l'hypothèse de la division dont il s'agit, toutes les soles sont occupées simultanément, et celle qui doit être débarrassée la première, au printemps de chaque année, est précisément celle-là qui porte la plante dite *jarosse d'hiver ;* plante fourragère que l'on récolte habituellement dans le courant du mois de mai, afin de la faire manger en vert par le bétail, pour ne pas être obligé d'attendre la récolte fourragère, qui se fait ordinairement dans le courant du mois de juin.

D'où ceci : que selon cette disposition la charrue ne peut être appelée à labourer le sol *que dans la deuxième quinzaine du mois de mai*, c'est-à-dire à une époque où la température de l'air atmosphérique a pu être assez élevée pour avoir opéré, suffisamment, l'évaporation de l'eau retenue par le sol.

D'où alors la possibilité et la certitude d'arriver à la disjonction complète des molécules terreuses et de faire un travail satisfaisant.

Voilà donc le problème à peu près résolu, en ce qui concerne l'époque où le labourage du sol peut être exécuté conformément à la loi économique de la science agricole, comme aussi en ce qui concerne la production, car il serait difficile d'admettre qu'un sol, constamment et complétement occupé, puisse ne donner que des produits insuffisants à satisfaire tous les intérêts.

VII.

Examinons maintenant les détails concernant la création de ce qui a été appelé *la force productrice*, et, pendant que nous y sommes, faisons l'application de ces détails au domaine qui a servi par analogie à élucider la question du travail.

Si on admet qu'une fumure de 100 quintaux métriques, soit 10,000 kilog. par chacun des hectares cultivés, soit suffisante pour obtenir du sol la production voulue, il serait indispensable d'avoir *annuellement* à sa disposition environ 900,000 kilog. de fumier, puisque la totalité des terres, formant une superficie générale de 90 hectares serait constamment occupée.

Il faut alors pouvoir retirer de ces terres, dans le plus bref délai possible, plus de 400,000 kilog. de produits fourragers.

On sait que dans l'assolement décrit plus haut, l'une des soles doit être occupée *par luzerne*, une autre *par trèfle*, enfin une troisième, d'abord *par jarosses d'hiver*, puis *par vesces d'été* sur moitié de sa superficie, l'autre moitié devant être occupée par *racines sarclées* telles que betteraves, carottes, pommes de terre, etc.

Or, comme la superficie de chacune des six soles est *de 15 hec-*

tares, on doit en conclure que la production fourragère de ce domaine résultera d'environ 53 hectares, ou à peu près *des trois cinquièmes* de la totalité des terres ; et si on ajoute à cela le produit de la prairie naturelle que nous savons devoir comprendre environ 15 hectares, comme le veut le plan de l'assolement décrit, on aura la certitude d'obtenir une production fourragère sur 68 hectares, à prendre dans la superficie de 105 hectares que nous supposons être celle totale de ce domaine. Soit environ les deux tiers de cette totalité.

Il est généralement reconnu qu'une culture faite selon des conditions rationnelles, surtout lorsqu'il a été possible de défoncer, drainer, amender et irriguer le sol comme cela est fait partout où l'intelligence dirige, donne une production satisfaisante après une possession de trois années.

Partant de ce fait qui est exact, on peut, sans crainte d'être taxé d'exagération, fixer la production moyenne de chaque plante fourragère comme suit :

Pour chaque hectare de *luzerne*, fumée, bisannuellement en couverture et pour trois coupes.................. 12,000 kilog.

Pour chaque hectare de *trèfle*, fumé, en couverture pendant l'hiver, et pour une coupe...... 6,000 —

Pour chaque hectare de *jarosse d'hiver*, fumé, au moment de la semaille et pour une coupe.... 6,000 —

Pour chaque hectare de *vesces d'été*, fumé, au moment de la semaille et pour une coupe....... 5,000 —

Pour chaque hectare de *racines*, fumé, au moment de la semaille, 40,000 kilog. et par réduction équivalente....... .... 10,000 —

Pour chaque hectare de *prairie naturelle*, fumé bisannuellement en couverture et pour deux coupes... 6,000 —

D'où alors la possibilité d'obtenir de la culture du domaine de 90 hectares de terre, non compris les prés, la production fourragère suivante et chaque année :

Pour la sole occupée par la *luzerne*, 15 hectares

à raison de 12,000 kilog. l'un, ... 180,000 kilog.

Pour la sole occupée par *trèfles*, 15 hectares à raison de 6,000 kilog. l'un, ... 90,000 —

Pour la demi-sole occupée par *jarosses*, 7,50 hectares à raison de 6,000 kilog. l'un, ... 45,000 —

Pour la demi-sole occupée par *vesce d'été*, 7,50 hectares, à raison de 5,000 kilog, l'un, ... 37,500 —

Pour la demi-sole occupée par *racines*, 7,50 hectares, à raison de 10,000 kilog. l'un, ... 75,000 —

Enfin pour la sole de *prairie naturelle*, 15 hectares, à raison de 6,000 kilog. l'un, ... 90,000 —

Ensemble, 67,50 hectares, qui produiront, ... 517,500 kilog.

c'est-à-dire une quantité de produits alimentaires et fourragers bien supérieure à celle indispensablement nécessaire pour le but indiqué.

Il découle de ce fait que la division des terres de n'importe quel domaine, avec occupation par plantes selon l'ordre successif tel qu'il est décrit plus haut, remplit complétement le but lorsqu'on régularise et ordonne cette division de manière que le travail soit exécuté en saison convenable, conséquemment à une époque où il y a toujours possibilité d'en retirer *économie et profit*, comme cela est démontré par l'exemple précité.

<h2 style="text-align:center">VIII.</h2>

Comme terme de comparaison, il est peut-être utile d'examiner s'il en serait ainsi par l'application, aux terres du même domaine, du mode de culture généralement usité et désigné par le terme de *culture triennale*.

Nous admettons, pour plus de clarté, un rendement semblable à celui indiqué ci-dessus pour chacun des hectares de terre occupée par produit fourrager et nous supposerons, contrairement à la pratique actuelle, que cette culture est faite avec tout le progrès possible. On aurait alors :

Pour environ 5 hectares *de luzerne*, à raison de 12,000 kilog. l'un.. 60,000 kilog.

Pour environ 10 hectares *de trèfle*, à raison de
6,000 kilog. l'un................................. 60,000 —
Pour environ 5 hectares *de racines*, à raison de
10,000 kilog. l'un............................. 50,000 —
Pour environ 10 hectares *de prairie naturelle*,
à raison de 60,000 kilog. l'un............... 60,000 —

Ensemble, 30 hectares qui pourraient produire 230,000 kilog.

C'est-à-dire à peu près la moitié de la quantité voulue pour
obtenir et faire fabriquer le fumier indispensable à une fécondation ordinaire du sol.

Et encore faudrait-il, pour assurer au sol cette demi-fumure, que
le cultivateur ne fasse pas argent, par la vente en nature, d'une
partie de ses produits fourragers, ainsi que cela a lieu presque
partout; puis, que ce cultivateur ait le soin de faire et préparer
ses cultures, comme cela est indiqué plus haut, afin d'en obtenir
le rendement prévu, car, dans le cas contraire, ce rendement serait
sensiblement moindre et la fumure, au lieu d'être à moitié, pourrait n'être que du tiers, ou du quart de la quantité voulue pour
déterminer une fecondation ordinaire.

Il est évident que, dans une position semblable, fût-elle analogue
à l'hypothèse de la consommation totale de 230,000 kilogr. de
produits fourragers par le bétail de l'exploitation, il est impossible
d'obtenir du sol, nous ne dirons pas *un rendement bénéficiant*, mais
un rendement suffisamment *rémunérateur* du travail, des peines
et des soucis du cultivateur !

Il est évident, en outre, que chaque fois qu'il est transgressé à
cette loi économique qui condamne rigoureusement la vente de
tout produit fourrager, à titre de vol fait au sol qui par cela donne
sans rien recevoir en échange, il ne peut en résulter autre chose
que la misère pour ce cultivateur, puisqu'en vendant ses fourrages
il se prive de la possibilité d'entretenir et d'élever une certaine
quantité de bétail dont, outre le fumier, on sait obtenir, avec un
peu de sagacité, tant de produits spéciaux qui généralement sont la
base de toute prospérité.

La conclusion de ceci doit indubitablement être la *condamnation
absolue* de ce déplorable mode de culture qui a été légué par nos
ancêtres ; mode de culture qui semble être l'objet d'un culte et
auquel la majorité des cultivateurs se cramponne avec une énergi

qui touche à la folie ; mode de culture dont dérivent presque toutes les misères qui semblent être *la caractéristique de l'industrie agricole*, alors que le contraire devrait avoir lieu.

Mais ne désespérons pas d'un prochain changement dans l'existence de cette belle industrie, car très certainement, *et avant peu*, nos exemples, nos actes de pratique auront trouvé de nombreux imitateurs !

IX.

Nous devions *fermer ici notre parenthèse*, mais le travail, bien que rapidemment esquissé, pourrait paraître incomplet par la raison que, s'il a été indiqué comment il doit être possible d'obtenir des terres d'un domaine, quelle que soit son étendue, *un rendement fourrager* suffisant à la fabrication de la quantité voulue de fumier pour donner, à ces terres, la fécondité désirée, nous devons dire aussi *comment et dans quelles conditions* ce rendement fourrager pourra être avantageusement converti en fumier.

Pour la justification de cette pensée, et pour arriver à une conviction générale, il est indispensable d'entrer dans quelques détails pratiques qui, du reste, procureront les moyens d'apprécier tous les avantages résultant de l'application d'un mode de culture, basé sur l'alternat des plantes et l'occupation constante du sol.

Presque partout, il est d'usage de nourrir *le bétail*, partie du temps *à l'étable ou à l'écurie*, et partie du temps au *pâturage*.

Cela est-il rationnel ? Non ! et voici pourquoi.

Pour peu qu'il soit fait une étude sérieuse du rôle que le sol joue dans l'acte de la végétation des plantes, on acquiert la conviction que ce rôle est joué d'autant mieux par ce sol, qu'il est plus souvent labouré, remué et divisé.

Il y a nécessairement une cause à cela, quelle est-elle ?

Probablement, parce que dans ces conditions de labourage et de division, l'air atmosphérique peut pénétrer plus facilement dans l'intérieur du sol, et que, par suite de cette pénétration, la propriété que l'on sait être inhérente à l'air atmosphérique produit ses effets, d'autant plus abondamment que la pénétration a été considérable et de longue durée.

S'il en est ainsi, et nous ne voyons pas pourquoi il en serait autrement, car, alors, il ne serait pas besoin de labourer la terre pour obtenir le produit, il suffirait de la fumer ; mais cela a été expérimenté sans succès : s'il en est ainsi, il doit donc être fait tout ce qu'il est possible de faire *pour faciliter et même augmenter* cette pénétration de l'air atmosphérique, puisqu'il doit en résulter *fertilité et abondance.*

Or, lorsqu'on met le bétail au pâturage, aussitôt après l'enlèvement d'une récolte, on soumet indubitablement le sol *à un piétinement* qui est loin d'aider à la pénétration de l'air atmosphérique.

Ce piétinement doit nécessairement produire l'effet contraire à celui qui pourrait être obtenu, si le sol était remué et labouré immédiatement après l'enlèvement de la récolte.

Mais l'opération du labourage n'a pas seulement pour utilité de faciliter la pénétration de l'air atmosphérique ; elle a encore celle d'aider à la modification de certains acides magnésiens et nuisibles qui se forment toujours, dans le sein du sol, pendant qu'il porte les plantes, et d'autant plus abondamment, que le temps écoulé entre chacune des opérations de labourage est de longue durée.

Si, au lieu de le labourer, on fait piétiner le sol par le bétail, il est évident qu'alors les acides nuisibles à la végétation des plantes doivent continuer à se former au sein de ce sol, et à s'y développer de manière à devenir extrêmement pernicieux.

Il est en outre évident que ce sol qui n'aura pas été remué pour opérer la séparation des molécules terreuses, dans le but de les mettre en contact avec l'air atmosphérique pour y puiser les éléments dont la valeur est connue, se couvrira de plantes parasites qui absorberont l'engrais non assimilé par la plante recoltée, et qui par conséquent, épuiseront complétement ce sol, tout en se perpétuant indéfiniment.

Donc, puisque la culture, *pratiquée avec pâturage du bétail*, ne permet pas d'ameublir le sol, sur lequel ce mode a une influence désastreuse ;

Puisque ce mode de culture, en empêchant l'ameublissement du sol, tend à perpétuer une diminution dans la production annuelle, par suite d'une fécondation insuffisante, *ne doit-on pas en conclure qu'il est* une anomalie monstrueuse, *et qu'en la pratiquant on manque encore le but ?*

Ce mode de culture *est d'autant plus une anomalie*, qu'il est la la cause d'une restriction dans la fabrication des fumiers, car, pendant que le bétail court les champs, il n'excrémente pas sur la litière des étables et des écuries ; litière qui, n'ayant rien à absorber, est laissée plus longtemps sous le bétail, puisqu'elle n'est ni mouillée ni maculée.

D'où cette conclusion irréfragable que, pour cultiver le sol avec tout le rationalisme voulu, il est indispensable de lui appliquer le mode qui procède par la nourriture du bétail *à stabulation permanente*, puisque, contrairement au mode qui procède *par le pâturage*, il permet d'ameublir le sol immédiatement après l'enlèvement de la récolte ; il permet de le préparer convenablement à recevoir la graine des nouvelles plantes qui peuvent lui être confiées ; il permet enfin de lui appliquer une fumure abondante, par cette raison que l'on recueille toutes les déjections du bétail.

Alors, *au lieu de manquer le but*, on y arrive avec une précision mathématique, car nous posons en principe que l'*industrie agricole* procède d'une science exacte, susceptible d'une rigoureuse démonstration, que le sol est une machine susceptible d'être gouvernée au gré de celui qui voudra le gouverner sérieusement ; que, par conséquent, ce sol est un serviteur apte à subir l'influence du maître ; qu'enfin, sous la réserve des cas exceptionnels de force majeure, tels que grêle, inondation, etc., quiconque ne saura pas obtenir, de chaque nature de sol, la quantité de produits qui lui sera assignée à l'avance, ne sera jamais qu'un malheureux incapable et un ignorant, aux mains duquel une entreprise agricole périclitera toujours, quels que soient son activité et son amour du travail.

On croit généralement beaucoup trop à l'impossibilité de dresser par avance le budget d'une exploitation agricole ; de savoir ce qui doit être dépensé pour n'importe quelle entreprise de ce genre et ce qu'on devra en recueillir annuellement.

Le devis d'une culture, quelles que soient son étendue et son importance, n'est pas plus difficile à dresser que celui d'une construction quelconque, maison, pont, aqueduc, etc., etc. Seulement, pour arriver à dresser ce devis avec toute la précision voulue, il est indispensable d'être bien fixé sur le mode de culture qui sera pratiqué, afin d'en étudier toutes les phases, car sans cela il est impossible de prévoir quoi que ce soit, et on est obligé de s'en rapporter à la grâce de Dieu.

C'est ce que l'on fait malheureusement trop ; mais, tout en s'en remettant à la bonté divine, il n'est pas inutile d'appliquer l'axiome si judicieux : *Aide-toi, le ciel t'aidera !* On ne peut qu'y gagner, la suite de ce travail en fournit la preuve.

X.

Il y a une classe d'individus, et surtout ceux qui vénèrent les traditions anciennes, qui prétendent que *le pâturage*, c'est la santé du bétail.

C'est une erreur très-grave que de croire cela; erreur qui relève des nombreux préjugés dont l'agriculture est victime.

La santé du bétail dépend *uniquement et surtout* des soins que l'on sait lui donner, comme aussi de la pureté de l'air qu'il respire dans l'habitation qui lui est destinée.

On doit facilement comprendre que, avec la disposition adoptée presque généralement pour la tenue des écuries, des étables, des bergeries et des porcheries où on loge actuellement le bétail, il soit nécessaire et même indispensable de l'envoyer respirer l'air des champs; mais que, dans ce cas, ce soit seulement pour lui procurer les moyens de renouveler l'air vicié et corrompu dont ses poumons sont imprégnés et emplis, et que ce ne soit pas pour le faire pâturer!

Du reste, il est très-facile d'obvier à cela, en employant un moyen peu dispendieux. C'est de ménager, aux abords des bâtiments servant d'habitation au bétail, un espace libre et d'une étendue suffisante pour qu'il puisse y sauter et cabrioler tout à son aise.

Dans ce cas, et pour ne pas perdre les déjections de ce bétail, il serait nécessaire de disposer le sol de l'espace libre de manière à être imperméable, afin que ces déjections puissent être absorbées par la litière que l'on étendrait à cet effet sur ce sol, car, si on n'agissait ainsi, le bénéfice du non pâturage serait perdu en ce qui concerne le fumier.

Il y a un moyen plus rationnel que tout cela pour éviter de faire sortir le bétail. C'est de disposer les écuries, les étables, les bergeries et tous les autres locaux destinés à n'importe quelle espèce d'animaux domestiques, de telle sorte que l'air de l'intérieur soit à peu près semblable à celui de l'extérieur. C'est d'adopter une disposition telle que, toujours et à tout instant, la température de celui-ci soit sensiblement la même que celle de celui-là.

Alors il n'y aura plus nécessité de faire sortir le bétail pour lui faire respirer un air salubre et on n'aura plus à redouter pour l'animal les effets des transitions subites qui sont, naturellement, la conséquence de la différence des températures intérieures et extérieures ; transitions qui engendrent presque toutes les maladies péripneumoniques et autres dont le bétail est trop souvent affecté.

Toutefois, pour faciliter l'élasticité des organes musculaires et la sécrétion des fluides humoristiques, on ferait bien de joindre à la disposition ci dessus un espace libre arrangé comme il est dit pour recueillir la totalité des excréments et éviter une diminution dans la fabrication des fumiers.

XI.

Quelques économistes ont pensé que, par l'exercice du pâturage et notamment du parcage de l'espèce ovine, le cultivateur trouvait une économie de main-d'œuvre par la raison que, les déjections des animaux étant versées directement sur le sol qui se les approprie immédiatement, le volume du fumier à transporter diminuait d'autant.

En examinant attentivement la chose, on reconnaît facilement que ce système économique est encore un leurre dont on berce, bien à tort, l'agriculteur, car les déjections, versées directement sur le sol, sont presque généralement perdues sans beaucoup d'utilité, par la raison que les parties ammoniacales se volatilisent immédiatement.

Que, n'en fût-il ainsi, l'action fertilisante de ces déjections, versées irrégulièrement sur le sol, ne saurait jamais composer l'amendement par les principes actifs de l'air atmosphérique qui ne peut pas pénétrer, dans le sol, à la suite d'un foulage par le bétail mis en pâture ou en parcage.

Que l'économie préconisée ne vaut pas la dixième partie de l'engrais perdu par la volatilisation, et qu'au surplus les déjections dont on parle ne peuvent faire défaut au sol, puisqu'elles lui reviennent sous forme *de fumier compost* avec toute leur puissance fécondante.

Mais disent tous les partisans du pâturage, ce système a pour propriété économique de donner au cultivateur la faculté *de vendre* une partie de ses pailles et de ses fourrages, ce qui augmente nécessairement son revenu annuel.

Un axiôme vieux comme le temps n'est pas tout à fait de l'avis des économistes, car il dit :

Celui qui vend sa paille RUINE sa terre; celui qui vend son foin RUINE sa terre et sa bourse.

Nous sommes complétement de l'avis du *vieil axiôme* contre celui des économistes, et nous ajouterons à ce qu'il dit si judicieusement :

L'objet le plus important pour le cultivateur est de savoir bien saisir LE JUSTE RAPPORT qui doit toujours exister entre la production et ce que nous appelons la force productrice.

Qu'il ne peut utiliser ce juste rapport qu'en ayant, à TOUT MOMENT, *à sa disposition, tous les éléments qui doivent concourir à la formation de cette force, afin d'en pondérer les effets selon les circonstances, car sans cela il courrait le risque, ou d'épuiser sa terre EN LUI DEMANDANT TROP; ou de négliger ses intérêts EN LUI DEMANDANT TROP PEU.*

XII.

Puisqu'il vient d'être parlé du bétail, il n'est peut-être pas sans intérêt de traiter ici une partie d'une question, qui a donné matière à plus d'une controverse et qui est encore la source de bien des mécomptes pour les cultivateurs imbus de préjugés.

Puisse ce qui va suivre leur dessiller les yeux et les rendre plus soucieux de leurs intérêts !

On est assez généralement d'accord *qu'en principe* le bétail d'une exploitation agricole bien ordonnée doit se composer :

1º Du bétail nécessaire à l'exécution de tous les travaux de cette exploitation ;

2º De celui susceptible de donner *abondamment* des produits d'un facile écoulement ;

3º De celui destiné au renouvellement des écuries, des étables et des bergeries par l'élevage de jeunes sujets, afin d'éviter les acquisitions ;

4º Du croît destiné à la vente, soit à l'état d'élève, soit à l'état d'engraissement pour la boucherie ;

5º Enfin du bétail de réforme, pour cause d'usure, préparé et engraissé aussi pour la vente.

Mais si on est d'accord sur cela, on cesse de l'être quand il s'agit de la destination la plus utile et la plus opportune d'une partie de ce bétail, notamment de celui appelé à l'exécution des travaux de la ferme.

Pour les uns, les animaux destinés à l'exécution de ces travaux ne peuvent indifféremment appartenir à toutes les espèces, comme à l'un ou à l'autre sexe. Il leur semble que *la femelle de l'espèce chevaline* doive être seule appelée à cette exécution, parce que, disent-ils, si, dans un temps donné, cette femelle fait un peu moins de travail effectif, par compensation, son entretien nécessite moins de dépense; parce que, disent-ils encore, indépendamment du travail, cette femelle donne un produit annuel qui ne coûte rien, ou presque rien, et dont la valeur doit faire pencher la balance en faveur de cet animal.

Pour les autres, il n'en est pas de même; le mâle seul doit être appelé à l'exécution de tous les travaux, car, par sa nature, il est plus apte à cette destination, et qu'en tout état de cause, s'il ne produit rien autre chose que du travail, il en donne plus et exige moins de soins spéciaux, puisqu'il ne comporte pas les phases de la parturition inhérentes aux femelles.

Et puis, disent-ils, dans la vieillesse la différence de valeur, pour cause de dépréciation, est moins considérable.

De quel côté est la raison ?

Nous pensons qu'elle est avec les premiers, mais pour ce qui concerne l'espèce chevaline seulement, car, dans les deux sommes de travail, la différence des résultats est largement compensée par le produit poulinier.

La valeur différentielle pour cause de vieillesse est à peu près nulle.

Mais il ne saurait en être de même pour ce qui concerne les animaux appartenant à *l'espèce bovine*, par la raison que la femelle n'est pas conformée pour exécuter des travaux, quels qu'ils soient.

Dans une exploitation agricole, le rôle de cette femelle est de donner des produits spéciaux. L'employer à l'exécution d'un travail quelconque c'est faire violence à sa nature et faire preuve de peu de sagacité.

Par sa nature et sa conformation physique, le mâle seul de *l'espèce bovine* est destiné à l'exécution des travaux, surtout à ceux qui exigent force et patience, et si son emploi, à l'exécution de ceux qui exigent célérité, ne présente pas tout le mérite voulu, la différence des résultats est largement compensée par l'absence de toute

dépréciation d'âge, puisque, dans l'âge [illegible] plus [illegible] de le rendre
à l'alimentation des popula[illegible] rous.

On doit donc en conclure que, lorsqu'il s'a[illegible] du ta[illegible] pour
l'exécution des travaux de culture, la préférence d[illegible] toujours être
donnée à celui *de l'espèce bovine* et d'autant plus q[illegible] l'animal de
cette espèce ne subit a[illegible] dépréciation de valeur, même, pour
cause accidentelle.

Il n'en est malheureusement pas ainsi pour les animaux de
l'espèce chevaline, car, quelle est la valeur d'un cheval atteint
d'une fourbure, d'un farcin ou d'une cassure par a[illegible]?

Au surplus, un choix judicieux des sujets fait, [illegible] souvent, disparaître la différence qui existe, dans un temps [illegible], entre le
travail d'un cheval et celui d'un bœuf.

XIII

Toutes les espèces d'animaux domestiques sont loin d'a[illegible] spécialement les mêmes dispositions et les mêmes aptitude[illegible]

Dans chaque espèce, les sujets diffèrent essentiellement [illegible] par
le fait de la race à laquelle ils appartiennent, que [illegible] l'influence
exercée, sur la femelle et le produit, par le mâle reproducteur.

Ainsi, *dans l'espèce chevaline*, telle race a pour caractère distinctif, la vélocité et la légèreté dans les membres, tandis que telle
autre race est caractérisée par l'ampleur des m[illegible] et [illegible] la
capacité corpulente[illegible]

Le caractère de ces deux races est bien distinct et [illegible]
La spécialité de l'une est la course, v[illegible] la spécialité de l'au[illegible] est
la force.

En croisant ces deux races, on obtient des sujets qui n'ont, par
conséquent, ni la force, ni l'agilité spéciales des sujets [illegible]

Est-ce rationnel?

Mais si cela n'est pas [illegible] rationnel en ce qui concerne *l'espèce
chevaline*, cela doit l'être bien moins en ce qui concerne *l'espèce
bovine*

Dans *l'espèce bovine*, les races ont un caractère [illegible] encore [illegible]
tranché que dans *l'espèce chevaline*, et les croisements sont plus
difficiles.

En effet, telle race a pour caractère *distinctif et spécial* de produire des animaux aptes au travail *et seulement au travail*.

Telle autre race a la propriété de donner *plus spécialement* des animaux aptes à l'engraissement dans un bref délai, et presque exclusivement incapables de toute autre action suffisamment rémunératrice.

Enfin, telle autre race est *spécialement caractérisée* par une production laiteuse et par conséquent par des animaux ayant uniquement cette propriété.

Voilà assurément des caractères bien tranchés et que tout le monde connaît, et cependant peu de personnes se préoccupent de cela, peu de personnes recherchent les animaux doués de ces caractères spéciaux lorsqu'on veut garnir les écuries et les étables de la ferme.

On sait qu'il faut avoir des animaux, des vaches surtout, parce qu'elles sont indispensables à l'entretien de la cuisine et du ménage.

On achète alors des vaches, sans examiner le moindrement si elles sont issues d'une race apte à la lactation. A quoi bon ? Est-ce qu'une vache n'est pas toujours une vache à lait ?

Oui, sans doute, mais il y a vache et vache, et comme cet animal est une machine, qui a pour fonction spéciale de donner, non seulement un produit laiteux, mais encore de jeunes sujets appelés au renouvellement soit des bêtes de travail, soit des bêtes d'engraissement soit des bêtes à lait, lorsqu'on veut savoir ce que l'on fait, il est nécessaire de décider à l'avance à quelle spécialité on doit donner la préférence, afin de choisir les sujets d'achat dans la spécialité préférée et éviter de vouloir obtenir d'une mère appartenant à une race *travailleuse*, un jeune sujet que l'on destinerait à une *production laiteuse*, ou d'une vache *bonne laitière*, un sujet que l'on destinerait *de travail*, car, chaque fois que l'on agit ainsi, on fait fausse route.

En ceci, comme en bien d'autres cas, le cultivateur fait une école désastreuse pour ses intérêts, puisqu'il ne peut être admis en principe naturel que, d'une race dont le caractère propre est *le mouvement et la vigueur musculaire*, il puisse sortir un animal susceptible d'avoir une ressemblance, même éloignée, avec ceux d'une race qui a pour spécialité *la mollesse, la quiétude lymphatique et l'amour du repos*, comme cela existe pour la race laitière. De même qu'il ne peut pas sortir de cette dernière race un animal apte au travail.

La physiologie animale se prête difficilement à des modifications semblables dans le caractère spécial des races, et quel que soit le mode de croisement employé *le sui generis* ne disparaît jamais complétement, même après une succession de générations.

Nonobstant cela, et malgré les conseils des vrais praticiens, on livre toujours un mâle reproducteur *de la race qui a force et vigueur*, à une femelle réputée bonne laitière, *et vice versâ*.

Que recueille-t-on toujours d'un accouplement pareil ? Des sujets qui ne procèdent ni du père, ni de la mère, ou plutôt des sujets qui procèdent des deux sujets paternels pour former des races intermédiaires et bâtardes, n'ayant et ne pouvant avoir aucune qualité spéciale.

L'ignorance de ces simples notions *de la physiologie animale*, en ce qui concerne la multiplication, a produit et produira longtemps encore bien des mécomptes au cultivateur et surtout à l'éleveur, qui ne sait jamais à quoi attribuer la répulsion de certains animaux lorsqu'il veut les soumettre à un régime antipathique à leur nature.

Malheureusement pour la généralité, il s'écoulera bien des années avant que l'on puisse s'expliquer pourquoi *telle vache réputée bonne laitière* donne des sujets peu aptes à la lactation. Pourquoi même *les qualités lactifères de cette vache diminuent sensiblement à chacune des parturitions*, alors que le contraire devrait avoir lieu.

Comme on le voit, acheter ou avoir du bétail ne comporte pas toute la science du cultivateur. Il faut encore qu'il ait la sagacité de distinguer la spécialité caractéristique de l'animal, en vue du produit qu'il veut en obtenir.

Savoir spécialiser le produit est donc une science indispensable au cultivateur, s'il veut obtenir de son industrie tout le bénéfice qu'elle comporte.

Cette science ne s'acquiert pas en tenant le bétail au pâturage, mais bien en étudiant, et en comparant entre eux, les signes caractéristiques et les aptitudes qui distinguent chacune des races.

XIV.

Mais fermons ici notre parenthèse, car aussi bien elle doit paraître longue. Cependant elle est indispensable, quant aux détails qu'elle comprend, pour faire voir le parti qu'il est possible de tirer de *l'industrie agricole*, lorsqu'on sait raisonner et coordonner les services; comme aussi pour motiver le mode de culture qui sera appliqué, suivi et enseigné dans nos colonies et pour prévenir, en partie du moins, les objections qui pourraient être faites à ce sujet.

Cependant, nous déclarons qu'il y a beaucoup de choses auxquelles nous n'avons pas osé toucher en ce moment, par la raison que notre intention n'est pas de faire ici un cours d'agriculture, mais seulement de produire quelques notions fondamentales, qui sont l'*alter ego* de l'industrie agricole : notions beaucoup trop ignorées ou négligées dans la pratique, et qu'il est indispensable de connaître pour faire disparaître la cause des échecs.

Comme on doit le penser, le résultat que nous voulons obtenir est nécessairement attaché *à l'étendue du domaine*, qui sera le siège de chaque colonie, autant qu'à la richesse de fertilité des terres qui le composeront.

Cependant, comme nous sommes, à un degré supérieur, désireux d'aider au progrès agricole par l'exemple pratique qui sera mis gratuitement sous les yeux des populations de toutes les localités où seront établies nos colonies.

Comme nous sommes désireux *surtout* d'indiquer exemplairement comment on arrivera à l'amélioration des terres froides et humides, de manière à en obtenir des résultats satisfaisants et capables de rémunérer fructueusement le travail, nous avons dû rechercher, de préférence, un domaine qui, dans sa composition, comprenne des terres ayant une moyenne puissance de fertilisation et peu de celles douées d'une grande puissance fécondante.

Il y a, au surplus, au fond de notre préférence, un acte d'économie, car les terres riches de fécondité se paient fort cher, tandis que celles possédant une fertilité moyenne et ordinaire ont presque toujours une valeur relativement plus faible; valeur qui, par nos soins et la culture appliquée, augmentera sensiblement et de manière à devenir égale à la valeur des terres les mieux réputées.

Cette augmentation de valeur servira de rémunération au travail et profitera à tous ceux qui aideront à la création projetée.

Cela vaudra assurément beaucoup mieux que de faire un sacrifice inutile et en pure perte, par la raison qu'il est difficile de procurer une augmentation de valeur aux terres possédant la fécondité voulue, puisqu'on ne peut plus les enrichir

Nous avons posé autre part, sous la forme d'un axiome, une vérité qui n'a encore trouvé aucun contradicteur. Cette vérité dispose que :

En agriculture, il faut savoir produire et n'avoir jamais besoin d'acquérir.

Nous appliquons cette vérité, même à l'acquisition du sol, car à quoi sert-il d'acquérir des terres d'une valeur élevée lorsque, sous de grandes dépenses et en très-peu de temps, il est possible de leur procurer une valeur semblable à celle des terres réputées les meilleures ?

Nous avons à nous occuper maintenant de tous ceux des autres détails qui se définissent par des chiffres ; c'est-à-dire des détails qui doivent former l'état budgétaire de toutes les dépenses d'installation et autres.

Mais, comme on doit le comprendre, cette partie de notre travail ne peut être appliquée, dans toutes ses généralités, à toutes les colonies, puisqu'il doit exister des différences sensibles d'une localité à une autre, pour tout ce qui concerne le prix d'acquisition du sol ; le prix de la main-d'œuvre ; la force tractive à appliquer au labourage du sol, eu égard à sa composition, l'étendue des terres, bois, vignes, etc., etc.

Et puis, pour les localités qui sont situées loin des grands centres de population, l'écoulement des produits est plus onéreux et les recettes doivent nécessairement s'en ressentir.

Au surplus, le rendement du sol n'est pas le même partout, et un état budgétaire qui s'appliquerait à toutes les localités serait un travail fait en l'absence de toute sagacité et de toute vérité ; ce serait une énormité inqualifiable !

Il y a donc urgence de dresser des états budgétaires séparés et spéciaux à chacune des colonies, afin de se rendre un compte exact des opérations inhérentes à chacune d'elles et ne pas travailler à l'aventure.

Pour ces motifs, notre travail a été divisé de manière à ce qu'il comprenne deux parties bien distinctes

La première, en raison de sa disposition, s'appliquera plus justement à toutes les colonies, puisqu'elle contient les principes généraux en vertu desquels ces colonies existeront ;

La deuxième comprendra tous les détails spéciaux et propres à l'appréciation exacte des *recettes et dépenses* inhérentes à chaque colonie, et de telle sorte qu'il y ait un budget séparé pour chacune d'elles.

Cette deuxième partie sera publiée aussitôt après le traité provisoire qui interviendra entre le propriétaire du domaine choisi et nous, parce qu'alors, et seulement alors, il nous sera possible d'étudier les diverses parties de ce domaine, et d'indiquer ce qu'il sera possible d'en obtenir annuellement, afin de bien édifier tous ceux qui voudront prêter appui au projet.

TABLE DES MATIÈRES.

Paris. — Imprimerie française et anglaise de E. Brière [illegible].

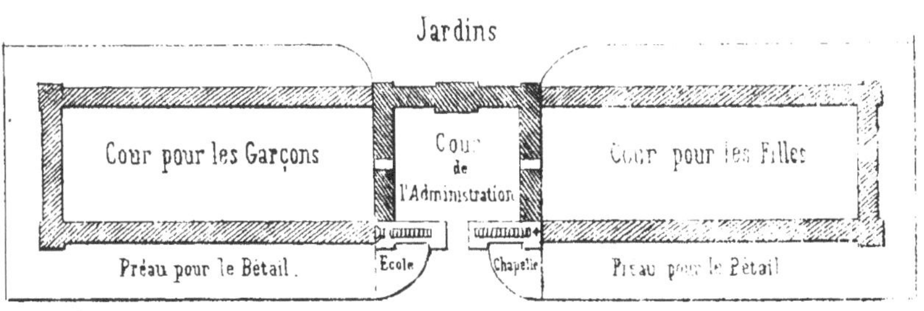

Plan Général.

PARIS. — IMPRIMERIE DE E. BRIÈRE,

RUE SAINT-HONORÉ, 257.